光のメッセージ

日本から世界へ
照明デザイナーの冒険

石井幹子

NHK出版

光のメッセージ

日本から世界へ　照明デザイナーの冒険

はじめに

私がはじめて光の美しさに出会ったのは、二四歳の時だった。プロダクトデザイナーを志して、東京藝術大学で学び、卒業後就職した東京のデザイン事所で、照明器具のデザインをした時である。試作品であったペンダント（吊下げ型照明器具）に光が灯った時の感激から、私は照明を学びたいと、北欧を目指した。フィンランドで照明器具のデザインを、西ドイツ（当時）で、照明設計を実地で学んだあと帰国して、たった一人で照明デザイナーとしてスタートした。

以来、照明器具のデザインから建築空間の照明、博覧会や大型店舗、歴史的建造物や都市のランドマークなどの照明デザインを手がけ、一歩一歩地道に照明の効果を実現していった。

折りしも日本経済は隆盛期を迎え、手弁当で拡めてきた「ライトアップ」も、東京タワーで実現し、「照明の効果を証明した」と言われて、序々に照明の分野を確立することができた。当時、日本では各地に大型橋梁が建設され、それらの照明に携わることができたのも、幸運だったとしか言いようがない。

手がけたたくさんのプロジェクトに光を灯しながら、私は光の美しさ、優しさ、強さなど、光が持つ様々な力を体験してきた。

光の力は無限とも言える。地球に生きるものすべて――昆虫から小動物、そして人間《ヒト》に至るまで――は光に向かっていく本能を持っている。そんな強く美しい光を用いて、もっと日本を知ってもらいたいという思いを、私は以前より持ち続けてきた。

日本の文化は、きわめて独特のものであると私は思っている。特に美術工芸の分野には、比類のない優れた作品が多い。日本の伝統的な美術と、私が手がけている最新の光技術を用いて、都市の中でスケールの大きな新しいクリエイションが、できないだろうか？

そんな機会が巡ってきたのは、私が七〇歳になる直前であった。

私と同じ照明デザイナーになって、パリを拠点に活動する娘の石井リーサ明理《あかり》という最強のパートナーを得て、私たちは海外の各都市で、「光のメッセージ」を発信することができたのである。

これまで私は、五冊の作品集を出版している。そこには私が照明の仕事をはじめた一九六五年から、二〇二〇年までの照明デザインの作品の主なものすべての写真が収められている。作品には、簡単な説明が付けられたものはあるが、作品を創る過程について、詳しく述べたものはほとんどない。

コロナ禍での在宅勤務を経験する中で、多少のゆとりの時間が持てた今、この一〇年余りの海外での活動を、プロジェクトのプロセスやバックステージの様子などを含めて書き留めておきたいという気持ちが強くなった。

この本は、母と娘のコラボレーションによる日本からの「光のメッセージ」の記録でもある。日本が平和であるためには、世界の中で一人でも多くの人に日本を知ってもらい、交流を重ねることが不可欠である。本書に綴った「光のメッセージ」の軌跡が、その契機となることを願ってやまない。

※本文中の人名に付した肩書きは、特に記述のない限り、当時のものです。

目次

装丁・本文設計　宇都宮三鈴
編集協力　新井学
DTP　NOAH

世界で輝いた光のメッセージ

パリ　セーヌ川

セーヌ川に架かる橋すべてに照明を当てながらクルーズする光のイベント。河岸には日本のアートを映し出した。

ブダペスト　エリザベート橋

ドナウ川に架かる橋をライトアップ。点灯初日では、
日本とハンガリー、各々の国旗の色の光を照射した。

ベルリン　ブランデンブルク門

東西冷戦の象徴ともいえる建築物に、世界各国の「平和」を意味する言葉を映し出す。

北京　悠久時空

永定門でのイベントのためのイメージパース。当時の二国間情勢のため、イベント開催は叶わなかった。

フランクフルト　ライト＆ビルディング

上：60色のOLEDによって構成された光の部屋（のちの「採光堂」2012年）。
左上：150枚のOLEDが光るシャンデリア・オブジェ。
左下左：２色発光のOLED（いずれも2014年）。
左下右：LEDの新製品で構成した展示ブース（2018年）。

光

Unique Lighting

下：“LIGHT TREND What’s Light Design?” と題した2016年の展示スペース。
右：ライトオブジェ「LILIO」。収納部分に細菌を不活化する深紫外線光源を内蔵。
左上：2014年「ライト・トレンド」のフライヤー。
左下右：2022年に発表したソーラーアテンダント「ミザリ」。タブレットには石井リーサ明理のアバターが映し出される。
左下左：高さが変えられる光るテーブルとプランターを兼ねた壁付き照明（2015年）。

Light Art & Tech, Today and Tomorrow
Presented by 2 leading lighting designers
Light Trend 2014
by Akari-Lisa Ishii & Motoko Ishii
5-9 septembre / September 2014
9:30 – 19:00 (9 sep/Sep - 18:00)
Parc des Expositions, Paris Nord Villepinte
(RER B : Parc des Expositions)
HALL 7 STAND NO. A59
WWW.MAISON-OBJET.COM
Produit par/Produced by Akari-Lisa Ishii & Motoko Ishii
Conception/Designed by Akari-Lisa Ishii & I.C.O.N.
et/and Motoko Ishii & Motoko Ishii Lighting Design
WWW.ICON-LIGHTING.COM
WWW.MOTOKO-ISHII.CO.JP
Partners: Stanley Electric, Sumitomo Chemical, KKDC,
Artechnic, Artemide, iGuzzini, Shiseido, TAL, Technilum
Cooperation: Beam'Art
Animation Officielle de Maison & Objet
Maison & Objet's Official Exhibition
MAISON &OBJET PARIS
Light Trend 2014
Motoko Ishii
Akari-Lisa Ishii

パリ　メゾン&オブジェ

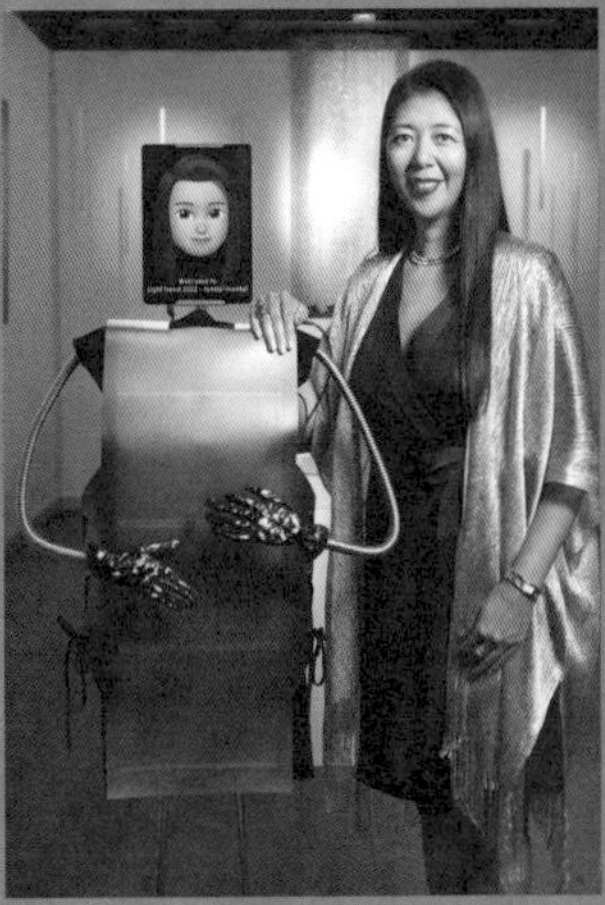

ベルン　TRAN JS

連邦議事堂前の広場を彩るプロジェクション。観る者が参加できる。協賛各社のテントでは展示が行われた。

ローマ　コロッセオ

数々の難題を乗り越えて、歴史的建造物を現代の光で染め上げた。

パリ　エッフェル塔

光を照射するのが難しい「線」によって構成された建造物に
工夫と技術を用いて黄金の光を纏わせた。
イベント前夜、リハーサルをする石井リーサ明理と筆者。

イベント当日の石井リーサ明理と筆者。

第一章

日仏国交一五〇周年記念イベント

フランス・パリ　セーヌ川
日本の光のメッセージ
怖いもの知らずの大冒険

2008

「日本」を光で表現する

初夏の陽射しが美しい二〇〇六年のある日、私と娘のリーサ明理《あかり》は、パリのセーヌ川に近いレストランでの昼食に招かれた。当時、フランス公使だった山田文比古さんからのお誘いである。陽の光が窓辺から入る、居心地のよいレストランで、山田公使はこう切り出された。

「実は二〇〇八年に、日本とフランスの修好一五〇年を記念して、様々な展覧会やイベントが計画されています。そこに、あなた方お二人で参加されるのは如何ですか。」

私たちにとって思いがけないお話である。

「詳しいお話を伺いたい」という私たちの質問への答えを要約すると、二年後の二〇〇八年は日仏修好一五〇年に当たり、パリを中心として、日本文化を紹介する展示やイベントがたくさん開かれるという。しかし、屋内での催しが多くインパクトに欠けるので、屋外での大きなイベントがほしい。お茶や生け花、歌舞伎といったこれまでのような日本文化の紹介ではなく、何か新しい日本を感じさせるものが必要とのことであった。

私は、二〇代半ばに、フィンランドの首都・ヘルシンキと、当時は西ドイツであったデュッセルドルフで、照明デザインを実地で働きながら学んでいた。その頃にも、日本を紹介する催しが大使館や領事館の主催で行われていたが、茶道、華道や日本舞踊といった、いかにも日本の伝統文化といったものが主だった。

一方、街には日本製品が登場しており、特に八〇年代以降は、自動車やカメラといった工業製品も増えていった。

当時、私はヨーロッパの人たちから度々、「日本はよくわからない」と言われた。日本の伝統文化は素晴らしいけれど、現実に街を走っている日本製の自動車とはイメージがかけ離れていて、理解しづらいというのである。日本の文化を、最新の技術を用いて広く一般の人たちに伝えられないものだろうか？　私の中にそんな思いが芽生え、徐々に膨らんでいった。

それを実現させるために、自分が使うことができるのは、光技術である。光が強い視覚効果を持つことは、長年従事してきた大型橋梁や都市の建造物のライトアップのプロジェクトで、度々経験してきた。夜の闇の中に照らし出された建造物を見て、ある人はタイムスリップしたかのような光景によって湧き上がってきた思い出に感激したという。またある人は、照らされた橋の上に、亡き母の面影を見たと知らせてくれた。見る人に光が作用して、何かを感じさせるのである。

昆虫や小動物から人間《ヒト》に至るまで、地球上に生きるあらゆる生き物は、光に向かって行く性質を持っているという。そもそも地球上の生命は、水と光から生まれたのだから、当然のことなのかも知れない。

我田引水かもしれないが、照明デザイナーとして私は、光は地球上で最も強いメディアだと思ってきた。そんな光を用いて、都市空間の中で大掛かりな文化イベントを行い、大勢の人々に日本の美を伝えたいと、私は長い間願っていたのである。日本の文化を世界中の人たちに知ってもらいたいということも、長年にわたって思い続けてきたことである。

たしかに日本美術への関心は世界的に高まっていて、展覧会が開催される機会は増えている。しかし、会場に足を運ぶ人は、すでに日本美術に関心を持っている。一方、都市の中で大きな光イベントを行えば、一晩に何十万という人が見ることができる。展覧会に訪れる人数に較べれば、一桁以上も多くの人々が見ることができるのだ。それがきっかけとなって、日本への関心が高まれば、やがては大きな力になっていくのではないか、と私は考えた。

「ファイナンスはどうなっているのですか？」

イベント、特に大がかりなイベントを行う時に重要なことは、経費をどう賄うかということである。要はお金はどこから出るのかということだ。

「後援は在フランス日本国大使館ですが、イベントはそれぞれが主催となり、費用はそこが集めることになります。様々な許可関係はお手伝いしますが、大使館には予算はありません。」

という答えであった。

セーヌ川に架かる橋を照らす

娘の石井リーサ明理は、私と同業の照明デザイナーで、二〇〇六年にパリで独立し、フリーランスのデザイナーとして活動している。地縁も血縁もないパリで、一人で奮闘していたリーサ明理にとって、パリでの都市スケールのイベントの話は、心躍るものだった。私としてももちろんパリで何かを行いたいと、ずっと前から思っていた。いくつか話はあったが、それまでに実現することはなかったのである。

パリは景観照明の発祥の地である。景観照明とは、その街らしい景観を照明で照らし出して、独自の夜景を創ることで、日本では「ライトアップ」と呼ばれている。そもそも「ライトアップ」という言葉は、私が一九七八年に京都の平安神宮の大鳥居と二条城を試験的に照らし出した時に、それを「ライトアップ実験」と呼んだのがはじまりで、その後東京駅や東京タワーのライトアップを手がけたことで「ライトアップ」という言葉が広がった。

パリでは、一九二〇年代から電気エネルギーを文化的な事業に使ってもらおうと、フランスの電力公社ＥＤＦにより、フランス各地の教会や城などの歴史的建造物を照らすことが行われていた。パリの景観照明――日本でいうライトアップは、エッフェル塔にはじまり、ノートルダム寺院（二〇一九年四月に尖塔などを焼失）、市庁舎やルーブル宮など、主だった歴史的建造物には、ほとんど景観照明が施されている。

では、私たちは何をやったらよいのだろうか。私とリーサ明理は何日も、パリの街中を歩き巡った。グランパレ？　プチパレ？　ガルニエのオペラ座？　いまさら、建物を照明しても、たいした話題にはならない。では、橋は？　パリの中心を東から西に流れるセーヌ川には、たくさんの橋が架けられている。中世から現代までの長い年月の間に造られたもので、形も様々で美しい。

　これまで私は日本で数多くの橋をライトアップしてきた。手がけた順に言うと、横浜ベイブリッジ、瀬戸大橋、明石海峡大橋、レインボーブリッジ（東京港連絡橋）等々である。いずれも新しい橋だったので、いつか古い装飾が施された歴史的な橋をライトアップしてみたいと思っていた。

「アレクサンドルⅢ世橋は？」

　シャンゼリゼ通りからグランパレ、プチパレの間を通る道の延長上にあるアレクサンドルⅢ世橋は、たくさんの彫刻が施された美事な橋である。現地に行って観察してみると、両岸から少なくとも四か所、橋側面や橋詰めにも照明器具を置きたい。となると、必ずしも治安がよくないパリ市では、二四時間監視をつけないと、盗難に遭うかもしれない。この橋の照明には、機材以外に余計なお金がかかることになる。

　では、どうしよう？　そうだ！　ディナーサービス付きの船を借り機材を載せて、パリに架かるセーヌ川全部の橋に照明を当てよう！

　セーヌ川には、たくさんの観光船が行き交っている。いくつもの会社がサービスを競い合い、ディナーをとりながら夜景を眺めるコースは人気も高い。なかでも「バトー・ムーシュ」と

「バトー・パリジャン」の二社が有名である。調べてみると、バトー・ムーシュの最新の船の後方には直径五メートルあまりの円型の大きな窓があり、素晴らしい見晴らしが楽しめる。試乗してみると、シャンパン、白ワイン、赤ワイン付きのディナーコースは、料理もまずまずである。この船を借りて、招待客にはディナーも楽しんでもらおう。試算してみると、この案はトータルで考えると意外に安くいけそうだということに気がついた。照明機材は船の甲板に置く。高価な機材は船中に設置する。電源は船から借りよう。夜間は岸壁に停泊する船の外側に係留してもらえば、ガードマンを雇う必要はない！　良いことづくめのように思えた。

　それぞれの橋に差しかかる時に、船から橋ごとに異なる光彩を当て、日本の四季の移ろいを表現することにした。しかし、橋のライトアップだけでは、日本文化の紹介にはならない。セーヌ川の岸壁に映像をプロジェクション（投映）して、日本の優れた美術品を見せよう！　新しい技術と光のデザインで橋を彩り、映像プロジェクションで、日本を代表する歴史的な美術を見せる――新しいものと古いものを組み合せて、日本からのメッセージとしよう！

　さて、案が決まると、概算の見積りである。まず、日本からの渡航費を抑えるため、チームはすべてパリで編成することとした。使用する機材の最も高額なものは、大型プロジェクターである。これは、パナソニック製のものが性能もよく、岸壁に映像を写し出すには最適である。これは、日本でこれまでおつき合いの多いパナソニックに交渉して、お借りすることにした。

　船の先頭の甲板に取付けて、橋を照らし出す機材は、すべて現地調達のレンタルである。これは、そう高額なものではない。

機材を操作する照明のオペレーターや音響装置のオペレーター、映像プロジェクションのオペレーターと、私たちは様々な分野のオペレーターとチームを編成した。これらは、現地の情況に詳しいリーサ明理の担当である。主にフランスのイベント会社大手のＰＲＧ社の傘下にある会社の人たちである。フランスでは、屋内・屋外でのイベントを総称して「スペクタクル」と言い、その業界の技術者たちを手厚く保護している。一九八〇年代のミッテラン政権の頃からというが、税制措置や年金や保険が優遇されており、週に三日働けば充分に生活していけるという。

今回のイベントでは、チームスタッフ十数名全員が一つの船に乗り込むことになる。

シテ島の対岸の船つき場から出発して、セーヌ川に架かる二五の橋に次々と光を当ててから、最後に出発点に戻り、ノートルダム寺院をバックに、「日本の美」を映像で映し出すという案がまとまった。

次の課題は資金集めである。これは、日本で行う私の重要な任務である。大使館からの依頼とはいえ、公的な資金はいっさい使えないのだ。

まず、フランスと関係の深い会社に当たりをつけた。真っ先にお訪ねした資生堂では、会長で旧知の福原義春さんが、「石井さん、来るのが遅いよ。早いところは、一年以上前から来ているよ。」とおっしゃられてＮＧ。何社も訪ねてみたが、なかなかうまく運ばない。

やっとのことで、これまで若干のおつき合いがあったＪＲ東海、関西電力、サントリー、曙ブレーキ工業から、各社とも大きな負担とならないような小口のスポンサー料を確保した。最後に笹川日仏財団からも援助がいただけた。これで最小限の出費はカバーできるが、万一、何か追加が生じたら自分で責任を持とうと私は覚悟を決めた。

一番高額だった大型プロジェクターはパナソニックに貸出しをお願いして、快諾を得た。映像オペレーターの作業費は、パナソニックに依頼して負担していただけることになった。当時、パナソニック製のデジカメ「ＬＵＭＩＸ」が、フランスで販売されていて、大いに売れていたことが幸いしたのである。

さて、最大の難関は許可関係である。日本では、屋外イベントを行う場合は、その場所の所有者の許可と、もよりの警察と消防署への届け出で済む。ところがパリでは、セーヌ川に架かる橋はパリ市の道路局、イベント全体には市のイベント局と都市局の許可が必要であることがわかった。セーヌ川での船の運行には、河川局、船の停泊には港湾局、さらに、加えて警察の二つの部局から特許を得なければならず、数えてみると合計で一〇か所の役所の許可がいることがわかった。

はじめに、「許可関係は大使館でクリアします」とおっしゃって下さった山田文比古公使は、その後転勤されてしまっている。後任は、パリ駐在がはじめてという方なので、とてもイベントの許可をお願いすることは難しそうである。こうなったら、自分たちで許可を取り歩くしかない。私の頼みの綱は娘のリーサ明理だけである。

まず道路局。ここは、リーサ明理がかつて働いていたライト・シーブル社（パリを代表する照明デザイン事務所）での仕事を通して知り合いになった方々が何人もいた。二人で訪ねて行くと、先方はにこやかに対応してくれて、スムーズに許可が下りた。

次は都市局。個別撃破とばかり、私たちは部長のベルナー氏にアポを取って出かけた。通された個室のデスクには、中年の気難しそうで小柄のやせた男性が、私たちを睨むように座っている。リーサ明理が、このイベントの主旨を説明した。セーヌ川の橋を船から照明して、シテ島向いの岸壁に、日本の文化を伝える歴史的なアート作品をプロジェクションするという内容を述べた。リーサ明理は、大学院時代にパリのデザイン学校に留学しており、卒業後もパリの照明デザイン事務所に五年間勤めてプロジェクトチーフとなったので、フランス語は不自由ない。一方私は、フランス語は聞くだけで、いまだに話す時は若い頃住んでいたドイツ語が先に出る始末である。

私たちは、次にプロジェクションの映像説明のために作ったパース（完成したデザイン・イメージを写実的な絵にしたもの）を見せた。セーヌ川に円山《まるやま》応挙《おうきょ》が描いた虎が水を飲みにきたかのような構図である。それまで、難しい顔をして黙り込んでいた部長が、やっと口を開いた。

「質問があります。」

何を聞かれるのかと、私と娘は緊張した。

「虎はアジアの大陸にいると聞いているが、虎がいない日本で何故虎の絵が描けたのですか？」

質問の内容を聞いて私はほっとし、リーサ明理は待ってましたとばかり得々と話しはじめた。彼女は大学で美学・美術史を専攻したので、この手の話は得意である。

「虎は日本にはいませんでした。日本の画家たちは、大陸から渡ってきた空想の動物として、虎を描いてきたのです。この絵は円山応挙という画家が一八世紀に描いて国宝となっている作品です。」

なるほど、と部長は頷き、その後は彼のアジア美術に対する蘊蓄《うんちく》を聞かされて、一気になごやかな雰囲気となった。

「あなた方がやりたいことはわかりました。私が都市局の各部署を説得して許可を取ってあげましょう。」

部長の言葉に、私たちは胸をなで下ろし、難関を一つ乗り越えたことを喜んだ。

続けてイベント局をクリアしたが、最後の難関は警察とセーヌ川の河川局、港湾局であった。折しも時は八月、フランスでは皆が夏休みを取るバカンスシーズンに入り、九月末のイベント会期を控えている私たちには、つらい日々が続いた。一方、イベントの内容のデザインは、順調に進んでいた。私はそれぞれの橋の照明のデザインをいつものようにスケッチで行い、リーサ明理は映像プロジェクションの中味の制作に余念がなかった。

その間、警察からは何の返事もない。聞くところによると、許可願いが机の上に山積みになっていて、担当者がバカンスから戻るのを待つしかないとのことである。

九月に入って警察からはやっと許可が下りたが、残るは最も敷居の高いセーヌ川河川局と港湾局となった。二つともナポレオン時代からの法と秩序で運営されているという。

港湾局とは、やっと九月半ばに担当者のアポが取れ、セーヌ川畔にある古くていかめしい建物に出向いて、許可をもらった。担当の係官は感じのよい若いフランス人男性だった。

最後に残ったのは、セーヌ川の運行を管理する河川局の許可である。船の先頭に光を取付けていくつもある橋を照らして動くのは、反対から来る船の操縦者の目に光が入って眩しくなり、事故を起す可能性がある。よって、現地で点灯して安全を確認するまで、許可は出せないという。リハーサルは、本番の前日の夜である。そこで実際に見せて許可が取れないと、イベントの実行ができなくなる。こんな時には、天に祈るしかない。ポスターやパンフレット、その他すべての広報は終わっているし、テレビの取材も受けている。なるようになれ！　という気分である。

夜七時頃、小舟に乗った河川局の担当者たちがやってきた。私たちの船のまわりを走りまわり、リハーサル中、ずっとついてくる。二時間ほどの航行の後、止まれの合図があり、停泊した岸壁の上に登ってくるようにと申し渡された。相手の態度は高圧的である。私は船に残り、リーサ明理とルイ・サトウ氏が、岸壁の上に移っていった。ルイ・サトウ氏は、都市計画コンサルタントとして、日仏の大きなプロジェクトを手がけた方で、フランスの役所での経験も豊富である。今回のイベントの相談にも乗っていただいていた。

岸壁の上で、セーヌ川河川局の担当者から言い渡されたのは、

「あなた方の船から前方に出る光の中でも特に白い光は眩しい。光の強さを半分に減らすか消灯するように。」

「わかりました。そうします。」

即答したリーサ明理に先方は大きく頷き、イベントの許可は、無事に取得できたのである。船に残ってこの結果を聞いた私は、胸をなで下ろした。これで明日のイベントは予定通り実行に移せるのだ。

日本の四季の移ろいを表現

二〇〇八年九月二五日、パリは快晴だった。この季節には珍しい澄み切った青空のもと、セーヌ川畔には心地よいそよ風が吹いていた。いよいよ三日間におよぶイベントのはじまりである。

今回のイベントでは、大型プロジェクターをはじめ、セーヌ川に架かる二五の橋をライトアップする投光器は、すべて遊覧船に載せている。

私たちはセーヌ川の数々の橋を、日本の色で照らしたいと思った。すなわち、日本の四季の色や和の色を用いて光の色とすることである。これも日本からの光のメッセージであると私たちは考えた。

二一時、ノートルダム寺院に近い船つき場から、船はゆっくりと離岸した。船中には、招待客の日仏VIPの方々とプロジェクション用の大型プロジェクター、甲板の先端には投光器群とプレスの人たちが乗っている。

最初のライトアップの対象であるトゥルネル橋が前方に見えてきた。シンメトリーではない独特な形をした橋である。ここでは最初の橋であることから、日本を表現した白と赤でライトアップした。日の出のイメージでもあり、日本の国旗の色でもある。フランスでは日本を「日出ずる国」（ランピール・デュ・ソレイユ・ルヴァン）と表現している。

トゥルネル橋を見ながら船はUターンしてセーヌ川の中洲サン・ルイ島に沿って流れをゆっくりと下っていく。

さて、これから続く八つの橋は、日本の春の色がテーマである。

次のシュリー橋は、小ぶりな石造りの支柱に、線状のトラスが掛かる橋で、緑をベースに黄色のアクセントカラーを加え、〝若草〟を表現した。

続くマリー橋では〝春潮〟――水色の光をベースにした。〝薄紅〟をテーマとした、ほのかに紅色に染まったルイ・フィリップ橋を過ぎて、〝朧月〟が地上に下りてきたかのような、淡

ノートルダム寺院を望む船つき場に着岸する照明機材を載せたクルーズ船

い薄紫に彩られたアルコル橋をくぐる。このあたりは、パリの右岸とシテ島を結ぶ橋となる。

両岸をがっしりした石造りに支えられたトラス構造のノートルダム橋は、〝春日〟。春の陽光をイメージして両側を紫に、中央を黄緑に照らし出す。

〝桜〟のテーマで、文字通り桜色に染まったシャンジュ橋を抜けたところで、セーヌ川は幅広いゆったりと流れる川となる。

豪華な石造りの五つのアーチを持つヌフ橋は、映画『ポン・ヌフの恋人』などでも知られて、観光案内にも載っている有名な橋である。ここは、〝黄金〟。金色に染まった石造りの橋は、うっとりと眺めていたいほど、見事である。

次に近づくのは、〝躑躅《つつじ》〟をテーマとしたデザール橋。比較的新しい歩行者専用の橋で、赤い光で浮び上がっている。この橋は、恋人たちが欄干に錠前をかけることで知られている。

赤く染められたデザール橋を抜けると、三つの石造りのアーチのカルーゼル橋には、〝若苗〟の黄緑色に、苗をわたる風をゴボ（形を映し出す光）で表現している。カルーゼル橋から、光のテーマは夏となるのだ。

連続したアーチの石造りのプロポーションが美しいロワイヤル橋は、王室という意味の橋名に因んで、白、赤、黄、緑、紫の慶祝の五色の光で照らし出された。

このあとは、〝清流〟のソルフェリーノ橋、〝若竹〟のコンコルド橋を過ぎて、セーヌ川の橋の中でも最も豪華な橋として知られる、アレクサンドルⅢ世橋となる。ここでは再び、白と赤

――日本の国旗の色で、このイベントの象徴的な役割を担ってもらった。〝蛍〟のアンヴァリッド橋、〝夏山〟のアルマ橋を過ぎて、船はドゥビリー橋に差しかかる。ここはエッフェル塔に近く、大小のアーチ橋は、鮮やかな七色の虹の色で染められた。折しもエッフェル塔はＥＵ（欧州連合）の設立記念に当たり、ＥＵのテーマカラーのブルーで染められ、大展望台を中心に加盟国を表す白い星々が円形に設置されて輝いている。その足もとのドゥビリー橋は、私たちが虹色の光で染めて、ＥＵ記念日のエッフェル塔のブルーと、コラボレーションするような景観となった。

次の石造りのイエナ橋は、再び今回の日本の光のテーマ――赤と白に染まる。橋全体は白色に、水に接する五つの石造りのアーチの根元には赤い色が紅を差したように際立つ。

ここからは〝秋〟となる。ビル・アケム橋、ＳＮＣＦ橋を過ぎ、グルネル橋近くには、ニューヨークの自由の女神の原型となった女神像が中洲の先端に立つ。船はここで折り返して、橋の照明は秋から冬のテーマとなる。また上流に向かっていく。

セーヌ川の船の運行も陸と同じく右側通行である。私たちの船からは、建物の上部の屋根や塔にも光が投げかけられている。ルーブル宮の尖塔やオルセー美術館の上部の円窓にも光が当てられ浮び上がってくる。

岸壁が高くなる場所には、船からプロジェクションを行った。絵柄はすべて日本の美術から選び出したものである。私たちはこのイベントのために、東京国立博物館の収蔵品の使用を特別に許可されていた。伊藤若冲《じゃくちゅう》の龍が岸壁に映し出され、船に乗っていた招待客から歓声が湧き起こった。船から岸辺を見ると、大勢の人々が集まって、このイベントを見ているのがわかった。橋の上からも、大勢の人が船の行手を見てくれていた。

　再びシテ島とサン・ルイ島の狭くなった川幅を、橋を光らせながら通り抜け、船は出発点の船つき場に戻った。ここで、岸壁へのプロジェクションが行われる。パートⅡのはじまりである。セーヌ川岸壁をスクリーンとしたプロジェクションの映像が映し出された。〈わざ・たくみ・みず・いのち・みらい・ゆめ〉のテーマに沿って日本美術の名品が岸壁に照射される。ここでも、大勢の観客が重なり合うようにして、私たちのイベントを見ていた。

　快晴の日が続き、私たちは三日間の最終日を迎えた。この日は、東京からはるばるこのイベントを見にきてくれた旧知の客人たちと船中で食事を摂りながら、プロジェクションを見て、二五の橋のライトアップを鑑賞した。若冲の龍と一緒にセーヌ川を旅する気分も満喫した。このプロジェクトに終始一緒に取り組んだ娘のリーサ明理は、インカム（イベント用無線機）を着けて、甲板で指揮に当たっていた。このイベントは、娘のリーサ明理がいて、はじめて実現できたものであった。プロジェクションされた映像作品は、リーサ明理と一緒に原案を創り、制作はパリで行ったものである。

　イベントで重要な音楽の制作は、同じくパリで、ジャイ・エルネスト氏に依頼した。作曲家とのコラボは難しいことを、私は何度も経験していた。作曲家は自分の作品をつくることに熱心で、光は二の次なのである。しかし、私たちは光を主に、音楽は従であってほしいのだ。光を表現することに、音は十二分に協力して、より高めてもらいたいのである。ジャイ・エルネスト氏は、私たちの要望をよく聴き入れて作曲してくれた。一部に三味線や琵琶の音をとり入れるなどして日本の音楽を組み込みながらまとめてくれたことには、感謝している。岸壁への映像プロジェクションは、彼の音楽のおかげで、見ごたえのあるものとなった。

　このイベントは、ニュースとして日本でも報道されたが、日本のＴＶ番組制作会社である「グループ現代」が、数か月前から東京、そしてパリと入念な取材を行っていた。イベントの一週間前からパリに入ったＴＶの撮影クルーは、昼夜にわたって私たちの行動を撮り、本番の時には船の甲板でカメラを廻し続けた。この様子は、六〇分を越す長編の特別番組となって、ＮＨＫのＢＳ放送でオン・エアされた（ＮＨＫハイビジョン特集「日本の光がセーヌを染める〜石井幹子とリーサ明理の挑戦」二〇〇八年一一月一九日放送）。この番組はその後、何度も再放送されて、日本の人たちにもよく知られるようになった。

　イベントが無事に終了して、日本大使館などへのお礼の挨拶を済ませた数日後、休む間もなく私は東京に戻った。留守の間に山積みとなっていた日本の仕事を早く片付けなくてはならなかったのである。この時期、私は二〇以上のプロジェクトを抱えていた。

　一九三八年一〇月生まれの私は、この年七〇歳になった。パリのイベントを終えて、帰国してからすぐに迎えた誕生日であったが、何という感慨もなかった。そんなことよりも、パリのイベントを無事に終えたという安堵の方が、心の中を大きく占めていた。たしか、これといった誕生祝いもしていなかったと思う。私はこれまで、自分の年齢のことを気にしたことは、ほとんどなかったのだ。

母と娘のコラボレーション

ここで、改めて私の最強のパートナーである娘の石井リーサ明理《あかり》を紹介しておきたい。彼女は私が大阪万博で多忙をきわめた翌年の六月に誕生した。子供は女の子と願っていた私は、彼女を明理と名付けた。男の子なら夫が、女の子なら私が名前を付けることになっていたのである。

誕生した後、私はフィンランドの恩師、リーサ・ヨハンソン・パッペ先生に電話をした。

「女の子が生まれました。先生のお名前のリーサを、娘のミドルネームにいただけませんか？」

私の問いに、パッペ先生はこう答えた。

「もちろんですよ！　有難う、モトコ！」

私は以前から、欧米人に覚えやすいミドルネームを娘に付けたいと思っていたのである。石井リーサ明理は、生まれた数日後から、ミドルネームを得た。

照明機材をセッティングする現地スタッフたち

河岸には多くの見物人が集まった

当時、私は駆け出しのフリーランスの照明デザイナーで、仕事も収入も確立していなかった。夫は畑違いの法制史学者で大学勤めである。私の仕事には全く口を出さない人なのが助かっていた。同業だと、妻は夫のアシスタントになることが多かったので、私はそれだけはゴメンだと思っていたのである。その頃は、保育園はほとんどなく、あっても超狭き門だった。私の仕事は夜も実験や現場での調整などが多い。仕方なく住み込みの家政婦さんを雇ったが、経済的な負担は私に大きくのしかかり、公私ともに大変キツイ時であった。

運よく私の母校であるお茶の水大学附属幼稚園、小学校に入れたが、当時、フルタイムで仕事を持つ母親は全くいなかった。

「家にお母さんがいなくて可哀相！」

今では信じられないことだが、娘は周囲からそう言われていた。可哀相とまわりから言われると、本人もその気になるらしく、娘は気が弱く病気がちだった。中学に入ると背が高いのでバスケットボール部に入ったが、そこで、当時私がＴＶに出ることが増えてきたことをねたまれたこともあってか、イジメにあった。仲間はずれにされたり悪口を言われたりしたのだ。やっとの思いで退部した娘に、私は柔道を薦めてみた。

「あなたは大きくなったら、外国に留学したいのでしょ。もし、その時、パパもママもいなくなっていたら、あなたは自活しなくてはならないのですよ。バスケットでは無理だけど、柔道なら、お金が稼げるわ。」

世界の主要都市には、柔道の道場がある。黒髪のジャパニーズ・ガールなら、レストランの皿洗いより高給で雇ってもらえると、私は娘に話した。

「そうなの？」

納得した娘は講道館に入門して、以来熱心に通うようになり、体力、気力が充実してきた。高校生になると、東京都の大会に出場して三位という好成績を残した。強いことがわかると、イジメはぴたりと止んで、娘は明るく活発になっていった。

高校生になると、進路を考えなくてはならない。娘は私を見て育ったので、

「お仕事って面白そう！」

と理解していたようだが、特に何になるという願望はなかった。

高校二年の時、習字の全国コンクールに参加して、リーサ明理は銀賞をとった。でき上がった掛け軸大の書は、親の私が厳しい目で見ても上手だった。

「どうやって書いたの？」

という私の問いに、リーサ明理は、

「お手本通りに書いただけよ。」

と事もなげに答えた。

「あなたは、形に対するセンスがある。大学の一般課程に進むのはもったいない。自分の長所を生かすべきよ。」

大学案内を各校から取り寄せた結果、私の母校である東京藝術大学の講義内容が、抜群に面白いという。

「え?!　藝大を受けるの?!」

高校三年になる春休みに、柔道はやめて大学入試に備えるという娘の言葉に、私はビックリした。早速、石膏デッサンを私が教えたが、これは失敗で、やはり藝大受験のための予備校に行った方が良いということになった。

運よく東京藝大の芸術学科に受かった娘は、藝大での学びを享受した。芸術学科は、油絵、日本画、彫刻、工芸、写真など、すべての実技を一流の先生方から学べるだけではなく、語学、歴史、美学と講義も充実している。

リーサ明理は、早くから外国に留学したがっていたが、夫は日本語で思考できないうちに、海外での留学は認めないという方針だった。夏休みなどの短期は良いが、長期の留学は大学卒業後というわけである。

東京大学の大学院に進んだリーサ明理は、晴れて外国留学したいという。行く先はパリ。

「どうしてもデザインをパリで学びたい！」

私はリーサ明理の希望を聞いて、当時親しく仕事をしていた、フランスの著名なプロダクト・デザイナー、ルイ・ルポア氏に相談した。デザインや建築の学校は、その時々によって評価が変わる。学校の方針や教授陣によって、良し悪しが決まるのだ。

ルポア氏のアドバイスに従って選んだパリのデザイン学校に、リーサ明理は大喜びで入学した。私は彼女から話を聞いて、教科内容とともに課題や提出物の多さと同時並行的に進める大量の仕事に驚かされた。徹夜は当たり前で、要は就職したら、「楽になった！」と思わせるスパルタ式である。

パリのデザイン学校では、「照明器具デザイン」の講座もあり、それとは別にフランスを代表する照明デザイナー、ルイ・クレア氏から課外授業を受ける機会にも恵まれた。クレア氏は、リーサ明理に照明の美しさ、楽しさ、豊かさを実地で教えてくれた。

帰国したリーサ明理は、私に言った。

「私も照明デザイナーになりたい！」

東大の大学院在学中にパリへ行ったリーサ明理は、大学院を卒業後、私の事務所に試験を受けて入社した。卒業から入社するまでの間、私は彼女をニューヨークに送った。旧知のハワード・ブレンストン氏の事務所で研修生として学ばせるためである。ブレンストン氏の事務所は、アメリカでも屈指の有名な照明デザイン事務所である。リーサ明理は、私より語学の才能があった。戦時中に育った私とは、全く違う環境で育ったことも幸いしている。

私の事務所で三年間、照明デザインを実地で学んだ後のある日、リーサ明理は私に告げた。

「私もそろそろ武者修行に行ってきます。」

行く先は、パリ。学生時代の先生であるルイ・クレア氏が主宰するライト・シーブル社で働くという。ルイ・クレア氏の招聘を受けたリーサ明理は、喜んでパリに旅立っていった。以来、リーサ明理はパリで、リーサと呼ばれるようになった。欧米人にとって、明理（あかり――ＡＫＡＲＩ）は、なじみがないので覚えにくい。一方、リーサはよくある名前なので、誰でも、一度で覚えてくれる。ミドルネームをリーサと付けたのが、役立つことになった。ライト・シーブル社では、シンガポールや中近東のプロジェクトに参加し、三年後にはチーフとなって、何とパリのランドマーク、ノートルダム寺院のライトアップを手がけるという幸運に恵まれたのである。

　そして、五年後のある日、リーサ明理は私に宣言した。

「私は、フリーランスのデザイナーとして独立します。」

「何処で？」

　と私。

「もちろん、パリで！」

　私は、この時ばかりは、座っていた椅子から転がり落ちそうになった。パリでの独立は、きわめて難しい。まず、地縁、血縁がない。知人だって少ない。加えてフランス語の壁は厚いと私は思っていた。

「でも、私はここ、パリで独立する。」

　とリーサ明理は言う。

これまで、私は娘が成長する過程で、何事にも、

「あら！　そう。」

と言って、反対しないことを大原則としてきた。今回もそうするしかない。フランスでは、私は応援してやるにも、何の術もないのである。仕方がない。「あら！　そう。」と言って、見ているしかないのである。

リーサ明理の奮闘は、ここからはじまった。まず、ネット上に公表されている照明デザインに関係がありそうなコンペに、応募しまくった。結果は惨敗である。しかし、落ち続けても、コンペに参加することで、確実に実力はつく。二年、三年と続けていくと、段々と仲間内で知られるようになり、有力なチームから声がかかるようになったという。時には、大きなコンペを射とめるようにもなり、私もほっとした。

折しも、ポンピドーセンターのメッツ別館のコンペを、日本人建築家の坂茂氏が勝ち取った。リーサ明理はこの照明を何としてもやらせてもらいたいと坂氏に頼み込んだ成果は実り、大きな編笠のような夜景は評判となった。パリのメトロの壁面に貼られた大きな写真パネルは、すべて夜景の紹介となっていた。

「ラ・セーヌ　日本の光のメッセージ」のプロジェクトが行われたのは、メッツ・ポンピドーセンターのプロジェクトがはじまった頃である。リーサ明理にとっては、大きな意味を持つプロジェクトであったに違いない。

フランスでの仕事をいくつも経験して、苦労を重ねた上での、母娘コラボレーションのプロジェクトは、パリにリーサ明理がいたからこそ、実行できたと言えよう。

第二章

日本ハンガリー国交回復五〇周年記念イベント

ハンガリー・ブダペスト
エリザベート橋ライトアップ　光の古都に参入

2009

ブダペストの橋をライトアップしたい

私がはじめてハンガリーの首都・ブダペストを訪れたのは、二〇〇〇年代のはじめ頃の秋である。

ブダペストは、私の母方の祖父・君島一郎から、ヨーロッパで最も美しい街と聞いていた。祖父は二〇世紀はじめに、勤務先の日本銀行からイギリスに留学し、その後東欧の金融事情の視察でベルリンからブダペストを訪れたという。

「ドナウ川に沿った歴史のある街で、ヨーロッパで最も美しい所だった。」

祖父から外国の話を聞くのが大好きだった幼い頃の私に、彼は何度もブダペストについて話してくれた。ちなみに、私は第二次世界大戦で父を亡くし、その後は祖父の庇護のもとで育ったのである。祖父から受けた影響は大きい。ブダペストを一度訪れてみたいと私は思っていたが、仕事以外に海外を旅することがほとんどない私に、そんな機会はなかなか巡ってこなかった。

シャバ・ホールバース氏に出会ったのは、一九九〇年代の北米照明学会でのことである。私は照明の新しい知識を得るため八〇年代に、北米照明学会の会員になり、大会にはよく出席していた。

「ハンガリーはかつて照明の先進国でした。ブダペストには見るべき明かりがたくさんあります。是非一度いらして下さい。私が街を御案内しましょう。」

ホールバース氏に言われて、私はブダペストの夜景に興味を持った。聞くところによると、夜景を含めて、街全体がユネスコの文化遺産になっているという。当時、パリに留学中だった娘のリーサ明理を伴って、ブダペストを訪れた私たちを、ホールバース氏は歓迎してくれて、約束通り街を案内してくれた。

ブダペストは、ドナウ川の東側のブダと西側のペストの二つの地域から成る街である。ブダ側には端正で堂々とした国会議事堂、ペスト側の丘の上には豪壮な宮殿が建ち、街を見下ろしている。ブダペストの夜景は、実に豪華なものであった。宮殿も国会議事堂も、数あるモニュメントも、すべて白熱電球で照明されていたのである。温かでこぼれるような白熱電球の光で染められたライトアップ群は、ここがかつて社会主義の国であったとは、想像もできない美事さであった。

ホールバース氏に招待された夕食の席で、私と娘はハンガリー料理をいただきながら、この国の照明の歴史を伺った。一九二〇年代、ハンガリーはヨーロッパで最も大量の電球を生産していたこと、二〇年代、三〇年代には照明の分野でいくつもの発明があり、ヨーロッパの照明界の最先端を、この国の技術者が担っていたこと等々……。自国の照明を熱く語るホールバース氏の話は尽きなかった。

その晩、私たちはドナウ川沿いのホテルに泊まり、美事にライトアップされた橋に見入っていた。

ブダペストを代表する橋は、一九世紀半ばに架けられた吊橋で鉄の鎖を用いている有名な鎖橋である。その他にもマルギット橋、自由橋といずれも美事なライトアップが施されているが、その中で一つだけ暗く闇に沈んでいる橋があった。第二次世界大戦後新しく建てられたエリザベート橋である。ミュージカルや映画でもおなじみのハプスブルク家の皇妃エリザベートは、ウィーンの宮廷を嫌い、しばしばブダペストに滞在し、難しいハンガリー語も習得したという。第二次世界大戦前は、古典的な美しい橋が架けられていたが、戦時中ナチスドイツに占領された後、退却するナチスに故意に火をつけられて焼失したという悲劇の橋であった。

新しいエリザベート橋は、私が日本ではじめてライトアップをした、横浜ベイブリッジと似た構造を持つ白い橋である。

「あの橋を照明したい！」

私は思わず呟いた。

日本に帰国してからも、私は暗いエリザベート橋をよく想い出した。

そうだ！　想いを口にし続ければ、いつか叶うかも知れない。日本で照明デザインを一から立ち上げた私は、思い込みはいつか実現するといった気持ちをいつも持っていた。

たまたまある会合でお会いした自民党の河野洋平先生に私はエリザベート橋ライトアップの

可能性をお尋ねした。河野先生は内閣官房長官在任の頃、官邸の照明を新しくすることを私に依頼して下さった方である。縁あって、ハンガリー友好協会の会長もされていた。

「いやー、難しいでしょうね。でも、将来何か周年事業などのきっかけがあったら、可能になるかも知れません。」

河野先生の言葉に、私は期待を寄せたが、望みが叶うようになるとは、思ってもいなかった。

実現に向けて

二〇〇九年、日本ハンガリー国交回復五〇周年記念事業の実行委員会が結成された。委員長には河野洋平先生が就任。私も委員の末席に連なった。エリザベート橋のライトアップが正式に決まったのである。エリザベート橋のライトアップは、日本ハンガリー国交回復五〇周年記念イベントと両国で位置付けられて、ハンガリー側でも特別に実行委員会が作られた。費用は二分の一ずつの負担となり、日本側は照明デザインとそれを実現させるための照明器具費を、ハンガリー側は配線と取付けの工事費を各々負担することが決まった。日本側の費用は主にハンガリーとかかわりの深い日本の大手企業から集められた。その筆頭は、社長の米倉弘昌氏が当時経団連の欧州委員会の委員長をしていらした住友化学である。米倉氏は後に経団連の会長になられた方で、ハンガリーが大好きな国際派でいらした。

このような国家間の一大プロジェクトには、しっかりとした事務局が必要である。日本にはハンガリー好きの人が多く、様々な交流が草の根的に行われていて、日本ハンガリー友好協会という団体も作られている。事務局には、その団体が任命された。

事務局長には、元ハンガリー大使だった田中義具氏があたられた。

「ブダペストの夜景は、ユネスコの文化遺産に登録されているものです。夜景の中心はなんと言っても、ドナウ川に架かる橋と河畔の国会議事堂や宮殿なのです。そこで日本の橋の照明デザインを行うというのは、如何なものでしょうか。市や地元の人たちの賛成が得られるか、心配です。」

田中元大使は、当初実現を危ぶまれていた。

はじめて、ブダペストを訪れた時、大歓迎をしてくれて、市内の夜景を充分に堪能させていただいた後、素晴らしいレストランでの夕食会に招待して下さった、シャバ・ホールバース氏は、私たちが訪問した翌年に急逝されていた。突然の訃報に私は大変驚き、事情がよくわからないこともあって、とりあえず、白い大きな花籠を贈るように手配をしたのだが、先方からは、何の連絡もないまま、うち過ぎていた。ホールバース氏はリシス・ライティング・システムという電気設備設計の会社を経営していた人で、その会社は氏の亡き後も継続して仕事をしているという。ブダペストでは屈指の設備設計会社である。今回のエリザベート橋ライトアップの事業には、私たち日本側の照明デザインに対して、ハンガリー側では、そのリシス・ライティング・システムが設備設計を担当することとなった。ホールバース氏が生きておられたら、さぞ喜ばれたことだろうと、私は彼の急な逝去が、残念でならなかった。

ハンガリー側の体制が整ったので、私は二か月後に再びブダペストを訪れた。いつものように、まず東京からパリに飛んで、娘のリーサ明理を伴ってハンガリーに飛んだ。

私たちはまず市役所に出向き、そこで市の公共施設局長のドロッティア女史にお会いした。五〇代の体格のよいブルネットの髪を後ろで束ねた地味な服装の方で、私たちを笑顔で出迎えてくれた。今回のプロジェクトについて概要を説明してから、男性の職員を同行した上で、大型の車で市内の視察に繰り出した。

私たち照明関係者の視察はだいたい午後の後半、三時から四時頃からはじまり、夜九時頃終了するのが普通である。特に日没時間からあとの一時間が、最も大切な時間なのだ。太陽光が徐々に薄れて夕闇が迫り、窓の明かりや街灯の光が灯りはじめる。昼から夜に変わる時間はマジックタイムと呼ばれて、街の景色が激変する時なのだ。

ドロッティア局長の招待で、私たちは丘の中腹にあるレストランに入った。インテリアは、ハンガリーの民芸調で、ウェイトレスの女性は花の刺繍のある伝統的なブラウスを着ている。出されたメニューを見ると、前菜にフォアグラがある。喜んで注文したら、何と掌サイズのレバーがお皿からはみ出すように置かれている。味はただのレバーである。

「ハンガリーは食材が豊富で、鴨のレバーのほとんどはフランスに輸出しています。そこで様々に加工されて、フランス産フォアグラとして高価な商品になるのですよ。」

局長に説明されて、なるほどと納得した。お皿に出されたものを残すのは、ドイツや北欧では行儀が悪いとされる。ハンガリーでも同じだろう。私は局長に謝って、ハンガリーのフォアグラを半分ほど残してしまった。何故なら、その後にハンガリー名物の〝グーラッシュ〟を注文していたからである。肉と野菜にスパイスをたくさん入れたグーラッシュは、私が二〇代半ばに過ごしたデュッセルドルフで、記憶に残る最高に美味な料理であった。

室内には、チャルダッシュの音楽が流れていた。ヨハン・シュトラウスⅡ世作曲のオペラ「こうもり」の二幕目に登場するハンガリーの伝統音楽チャルダッシュは哀愁に満ちた独特の調べが切なく、ゆっくりと流れた後、突然早いテンポとなる曲で、一度聴いたら忘れ難い。味覚と聴覚でハンガリーを満喫し、夜景を堪能した想い出深い一夕であった。

その後、数か月してドロッティア局長と市の男性スタッフが来日した。エリザベート橋ライトアップの、詳しい日程を詰めるためである。私たちは、お二人を東京の夜景に案内し、最後に上野公園の中にある韻松亭に御招待した。韻松亭は明治六年創業の東京で最も古い料亭の一つである。関西風の懐石料理とは違って、江戸時代から伝わる濃い目の味付けが特徴で、皿や鉢に盛られた料理はたっぷりと量が多い。ハンガリー料理の大皿に慣れた方たちにも、気に入っていただけたようである。プロジェクトを実行して行く時には、こういった交流は不可欠である。おかげで私たちは、ブダペストの市の方たちとは、その後スムースに仕事ができた。

私たちは、その後、照明デザインの検討を続けて図面を作成し、パース（完成したデザイン・イメージを写実的な絵にしたもの）を完成させて、日本の実行委員会に提出した。今回の実行委員会の委員長は、河野洋平先生（衆議院議長・当時）であったので、実行委員会の会合は、いつも衆議院議長公邸で開催された。国会議事堂近くの公邸は、青山通り沿いにありながら静かな所で、庭には四季折々の花が開く。厚いカーペットが敷かれた広い会場での実行委員会は快適で、二〇〇八年の日仏交流一五〇周年記念イベント「ラ・セーヌ・日本の光のメッセージ」とは、大違いの恵まれた展開であった。

照明デザインを完成させ、図面その他一式を提出した後は、全ての作業はハンガリー側に移る。あとは途中経過のチェックと竣工時の立会い、それに点灯式の準備となる。

このプロジェクトがはじまる頃、元ハンガリー大使で事務局長をしておられた田中義具氏が、ライトアップのデザインがハンガリー側にすんなりと受け入れられるかを危惧されていた。私も多少の心配はあったものの、照明の分野は国際的な交流も盛んであり、デザインの価値は共有できると思っていた。

そもそもハンガリーの人たちは日本に好意を持っている。隣国にロシアのような大国があると、歴史的にも様々な脅威にさらされてきたので、日露戦争で日本がロシアに勝ったことは、ハンガリー人にとって朗報だったのである。私が二〇代半ばに暮らしたフィンランドでも同じで、フィンランド人も日本に親しみを持っている。加えて、今ではハンガリーにたくさんの日本企業が進出していて、製品の加工工場も多い。先述のようにハンガリーは一九二〇〜三〇年代、電球の生産量がヨーロッパで一番であったという工業先進国であり、その伝統は今も生き続けているのだろう。日本とハンガリーの友好のシンボルとして橋のライトアップを受け入れてくれたのは、そんな日本に対する好感と、日本企業の進出への理解からだったのだと思う。

二国の架け橋となるライトアップ

二〇〇九年秋、一一月の小雨が降るライトアップの初日、ドナウ川の船の中で点灯式が行われた。点灯ボタンを押すのは、日本側からは河野洋平先生と伊藤哲雄在ハンガリー日本国大使、そして私。ハンガリー側からは、政府代表とブダペスト市長である。

船の先方には暗いエリザベート橋が見える。点灯ボタンが押されて、二本の主塔が各々両国の旗の色で染まった。日本の国旗の白と赤、ハンガリー国旗の赤と白と緑。この夜の照明は、国交回復五〇周年を記念して、ハンガリーと日本の国旗の色でライトアップしたが、翌日の夜からは通常の白色のライトアップがはじまった。

ドナウ川の両岸をつなぐ三七八メートルの長さの橋桁は柔らかな白色光の間接照明で、一スパン（橋を構成する桁の一区画）ごとが照らし出された。二本の主塔は歩道の側から、同じく白色光で投光される。これは、ムラのない均一な光で照らし出された。

　この橋の特長である、優雅なラインを描く白色のケーブルは、歩道脇の床に埋め込まれた小さな照明器具でライトアップされている。最初、私たちはケーブルに小さなライトを取付けて照らし出すことを提案したのだが、ハンガリー側の協力者で、設備設計と工事の指導をしていたリシス・ライティング・システムから、床面に埋め込むことが可能という検討結果を受けて、賛成して完成に至っている。このようなコラボレーションは、私は大歓迎で、現地の現場の意見はできるだけ取り入れるようにしている。協力者みんなが揃ってハッピーであれば、そのプロジェクトは成功したも同然である。日本国内のプロジェクトで、いつも気にかけていることだが、海外では特に重要だと思っている。

　点灯式の船の中では、ハンガリーの民族音楽チャルダッシュが奏でられ、テーブルにはハンガリー料理が山のように並べられて、盛大なビュッフェがはじまった。船の中から、ブダペストの夜景に新しく加わったエリザベート橋を見ながら、私はこの橋のライトアップに尽力して下さった関係者の方々に、お礼の挨拶をしてまわった。プロジェクトの進行に気を配ってくれたドロッティア局長や市のスタッフの方々、リシス社のチーフエンジニア、ボルツ・サンドル氏や彼のスタッフ。日本側の推進役、住友化学の米倉会長と清水祥之氏、日本ハンガリー協会の主だった方々。パーティーは盛況で、賑やかだった。

私は、このプロジェクトで最もお世話になった河野洋平先生には、特別にお礼をお伝えしたかったので、河野先生と河野事務所の筆頭秘書官の甲賀一雄氏に、橋が船中よりもよく見える甲板に上ることを、思い切ってお誘いした。小雨が降るなか、傘を差しながら、船の甲板から見るエリザベート橋は白く輝き、二本の主塔の右手ブダ側には、赤白緑のハンガリー国旗、左手ペスト側には、赤白の日本の国旗の色光で染められた主塔が照り映え、暗いドナウ川の川面に華やかな光の揺らめきを映し出していた。

「このライトアップは河野先生のおかげがあったから実現できました。本当に有難うございました。」

私は心からのお礼をお伝えした。河野先生は実行委員長として、甲賀氏は絶えず気を配り、このプロジェクトを前進させて下さったのであった。

エリザベート橋のライトアップには、二つの特別なことが加わった。

一つは、橋上に河野洋平先生と私の名前が刻まれた大理石板が埋め込まれたことである。このようなことは、これまで経験したことがなかった。特に公共の橋や建物に、デザイナーの名前が刻まれることは稀有である。大理石に刻まれた美しい銘鈑は、橋上の手すりの下に塡《は》め込まれていて、通る人にいつでも見てもらえる。これはハンガリー側が感謝の気持ちを表したいと思って作ってくれた心遣いなのだろう。

もう一つは、ライトアップされたエリザベート橋が、ドナウ川の夕景の中に浮かび上がって

市役所でのプレゼンテーション。中央スクリーン前が筆者

橋をのぞむ船の中で行われた点灯式。左から伊藤大使、ドロッティア局長、ブタペスト市長、河野洋平氏、筆者

いる図柄の記念切手が発行されたことである。夜景の記念切手は、あまり発行されていないものなのだ。理由は切手に押される消印が墨色だからである。切手を使用済とする消印は自動的に行われるが、切手が明るい色でないと、黒色の消印の有無がわからない。夜景の場合、切手自体が暗い色になるので、使用済かどうかが判別できないので敬遠されるのだ。今回の周年事業では、ハンガリーと日本で記念切手がつくられた。これには当時、旧・郵政省出身の鍋倉眞一氏がハンガリー大使になっておられたことで、大使のお力が働いたことと思われる。切手は夕景となり、暮れなずむ夕日の中に明かりをつけたエリザベート橋が描かれている。後日、私は鍋倉大使から、この時に発行されたハンガリー、日本両国の記念切手が、美事に額装されたものをいただいた。これは、私の宝物の一つとして、今も大切に飾っている。

　エリザベート橋は、新しい出会いも運んできてくれた。実行に尽力して下さった、住友化学の米倉会長から、開発中のＥＬ（エレクトロルミネセンス）の開発とデザインを依頼されたことである。ＥＬは化学物質に電気を流し、面を発光させる新しい光源として、以前から照明関係者には知られているが、実用化に至っていない新光源であった。海外の特許も取得している開発中のＥＬは、ＬＥＤのシャープな光と違って柔らかな色光を出す和の光になるのではないかと、私は胸を膨らませた。この開発への参加は、住友化学の有機ＥＬ開発担当のスタッフの方たちに、照明の基礎と照明デザインとは何かということを、理解していただくことからはじまり、製品の開発に結び付けていくという、興味深い展開となった。

もう一つの出会いは、宝石である。現地で開催された日本ハンガリー記念事業の祝賀会で、米倉夫人にお会いした時に、指にはめておられたリングの青紫色の宝石に魅了されたのである。私も娘のリーサ明理も、光を扱う仕事柄、光る物に目ざとい。失礼を承知で米倉夫人にお尋ねした。

「そのリングの宝石は、はじめて見ました。何という石ですか？」

「これはタンザナイトといって、アフリカのタンザニアで採れる石なのよ。現地に行った時買ったので、お安いの。」

米倉夫人は、にこやかにさりげなく答えられた。

調べてみるとタンザナイトは、一九八〇年代に発見され、「タンザニアの夕やけ」といって、ニューヨークのティファニーが、大々的に取り上げた新しい宝石という。青と紫、それにうっすらと赤紫が入って、何とも美しい。宝石は外から入ってくる光をとらえて、なかで反射させて輝く。自ら発光する光を外でとらえる照明と、原理は反対だが通じるところは多い。

宝石のような光を創ることができないか？　その頃出はじめたＬＥＤの小さな粒を選び、つなげて宝石のようなイルミネーションが製造できないか？　そんな開発を考えはじめたきっかけは、米倉夫人のタンザナイトのリングからはじまった。この開発はその後成功して、ルビー、エメラルド、サファイア、アメジストをつなげたようなイルミネーションが完成し、東京近郊の遊園地「よみうりランド」で、冬の催しとして大勢の観客を集めている「ジュエルミネーション」を、私たちがデザインすることにつながったのである。

仕事は一つのプロジェクトから、また次のプロジェクトへと、枝分かれして伸びていく樹木のように思える。ブダペストのエリザベート橋のライトアップは、その後の私たちの仕事の新しい出発を、いくつももたらした。

第三章

日独交流一五〇周年記念イベント
ドイツ・ベルリン　ブランデンブルク門
平和の光のメッセージ　願いが叶った記念の明かり

2011

特別な思いのある街

私の手もとに一冊のアルバムがある。開くと一頁目に、一九三六年にベルリンで開催されたオリンピックに出場した日本選手団の入村式の写真がある。選手団の先頭に、身の丈よりも大きな日章旗を持って颯爽《さっそう》と立つのが、私の父・竹内悌三である。その手前には、堂々と姿勢を正して立つ、ナチスの将校が四人、敬礼をしている。次の頁は、父がキャプテンを務めた、日本代表サッカーチーム全員の写真で、ゴール前に二列になって写っている。しかし、どういうわけか、中央にはドイツの軍人が二人いる。ヒトラーの国威発揚のプロパガンダで名高いベルリン・オリンピックは、軍のかかわりがいかに強かったかという証しのようだ。

父・竹内悌三は、中学、高校とサッカーに打ち込み、東京帝国大学（現・東京大学）入学後はサッカー部に入り、部長を務めた。そして社会人となってから、オリンピック初出場となるサッカー日本代表チームのキャプテンとなった。ベルリン・オリンピック選手村入村式の旗手に選ばれたのは、さぞ名誉なことだったであろう。

日本のサッカーチームは、初戦で優勝候補のスウェーデンに勝って、この試合は伝説となって語り継がれている。この間のことは、『ベルリンの奇跡』（竹之内響介著、賀川浩監修、東京新聞出版局）に詳しく描かれている。

第二戦ではのちに優勝したイタリアに負けたが、父はその後、ヨーロッパ各国のサッカー事情を視察した後、帰国した。

翌年、私の母れい子と結婚して、その翌三八年に、私は誕生した。のちに弟二人が生まれ、恵まれた家庭を持ったが、第二次世界大戦終戦の一年前に赤紙で召集された。一兵卒として入隊後満州（現・中国東北部）に送られ、終戦後ただちにソ連に抑留されて、翌四六年四月にシベリアの捕虜収容所で亡くなっている。父の生涯を思うと、私は戦争によって幸せで栄光に満ちた年月を奪われた理不尽さに、涙せずにはいられない。ベルリンは私にとって父の想い出の場所となるはずであった。

ベルリンに重なる記憶はいくつもあるのだが、その一つは、若い頃デュッセルドルフの照明設計事務所で働いていた時のことである。

大阪万博でドイツ館の設計をしたドイツ人建築家から、夕食に招待された。私から日本の話を聞きたいということだったが、むしろ彼の話が主で私は聞き役であった。

東ドイツで生まれたその人は、何とか西側に逃げようと計画し、友人や従弟たちとある夜、鉄条網が二重にはられた境界線を越えたという。途中、運悪く友人の一人が探照灯に照らされ、その場で射殺されてしまう。それを見ながら助けることもできず、西側に逃れたことを、涙ながらに語ってくれた。まだ、両親は東側に残っている。いつか西側に来られる日がくるまでは生きていてほしいと、語る彼の目から涙が溢れ出た。

当時、同僚だった中年のエンジニアも、東側から逃げてきた人だったが、彼はそのことを決して語らなかった。多分、口にしたくないほど辛い体験だったのであろう。

私自身も一九六〇年代の半ば、ベルリンで一週間ほど過ごしたことがある。東側のペルガモン博物館へ友人の車で行った時には、東西の境界にある検問所でトランクの中はもとより、車の下まで鏡のついた長い棒を差し込まれて検査された。夜間ホテルで眠っている時に、遠雷のようなゴロゴロという低音と地響きがして目がさめたが、窓辺から戦車が列をなして道を通っているのが遠望できた。

ベルリンとは、私にとっていろいろな記憶が重なる特別な街であった。

ベルリンのランドマーク、ブランデンブルグ門で

二〇〇九年の夏、ベルリンの日本大使館から連絡があった。

「二〇一一年は、日独友好一五〇年に当たります。この件でご相談したく、次回ヨーロッパに滞在される折に、ベルリンにお越しいただきたい。」

日本の神余《しんよ》隆博在ドイツ日本国大使からの丁寧な文面であった。

当時私は、娘の石井リーサ明理がパリを拠点に照明デザイナーとして活動をしているため、年に三～四回はパリに立寄り、そこからフランクフルトの照明・電材見本市やイタリアのデザ

イン展示会を見に行ったり、北欧の港湾都市の調査に加わったりしていたので、ヨーロッパに行くことは、いわば日常の中での行動だった。

二〇〇九年の七月、私は娘と一緒にベルリンに向かい、神余大使にお会いした。

「パリのセーヌ川のイベントが大成功だったと聞いています。二〇一一年の日独友好一五〇年に、ベルリンで同じようなイベントを行っていただけませんか。」

神余大使は物静かで学者肌の方である。ベルリンには、まだ東西を分断した壁が一部に残っているし、市内にある運河の堤防の壁もあるので、市内を巡って見てほしい、という御要望である。

ベルリンという、私にとっては幾重にも思いの重なる場所で都市ぐるみのイベントができる！　私は心躍らせた。娘のリーサ明理も同様である。私たちは早速、街を見てまわった。同行して下さったのは、三好真理公使である。三好公使は外務省入省後、ドイツの大学で学ばれ、ドイツ語が堪能なのはもとより、ドイツの文化や歴史に造詣が深い。しかも、チャーミングな気持ちのよい方で、このような方にサポートしていただけることを、とても心強く感じた。

さて、市内を見て歩くと、ベルリンの壁はほとんど残っていないという状態だった。唯一あるのは、チェックポイント・チャーリーという、かつての東西ドイツの境界にあった検問所の付近で、ここはどういうわけか、壁が色鮮やかな形と文字で埋めつくされていて、当時の面影は全くない。

では、市内の運河はどうだろうということで見てまわったが、ここは東西ドイツの境界線があった東側で、立派な石畳の堤防があり、最近開発された地域らしく、整然と整ってはいるものの、人通りがほとんどなく、人や車が行きかう、にぎやかなパリのセーヌ川畔とは異なる様相である。

　都市で行う大きなイベントの基本的な条件は、その街のランドマークであること、日常人々に親しまれていて人流の多いところを会場とすることではないかと、私は考えている。パリのイベントで制作した「日本の美」のプロジェクションを再度ベルリンで行うことにも、何か気持ちが進まなかった。

　ベルリンでしかできないことをやりたい！　それは、何なのか？　私たちは、引き続き街の中を巡り、対象となりそうなものを探した。

　ベルリンにはたくさんの美術館、博物館がある。東西分裂当時には、訪れるのがとても困難だったペルガモン博物館は、今では簡単に行くことができる。美術館、教会、日本とも縁が深いフンボルト大学、アレクサンダー広場など……。新しいものでは、日本にも知られているソニーセンターがある。立派なテレビ塔もある。

　いろいろ見てまわった結果、ベルリンで光イベントをやるなら、何と言っても「ブランデンブルク門」で行いたいというのが、私たちの結論であった。

一九八九年一一月、ベルリンの壁が突如崩壊した時の映像がまざまざと甦った。大勢の人々が東西を隔てていた壁によじ登り、西側に飛び降りたシーンである。壁をたたき壊そうとした人もいた。みな喜びに溢れた表情である。まさに歴史的瞬間の映像だった。そのシーンを背後から見ていたのは、ベルリンのランドマーク、ブランデンブルク門である。この門は一七九一年にフリードリヒ・ヴィルヘルムII世によって建てられたギリシャ風古典様式の石造りの門で、上には四頭立ての馬車に乗る勝利の女神像が飾られている。

東西分裂で数々の悲劇を生んだ壁は、この門のすぐ近くの西側にある。ブランデンブルク門の上に立つ女神は、ここで数々の悲劇を見てきたことだろう。

このブランデンブルク門で「平和のメッセージ」を光で創ろう！　ベルリンで光のイベントを行うのは、ここしかない！　と私たちは確信した。

日独友好一五〇周年のイベント開催は二〇一一年である。この年はベルリン・オリンピックが開かれてから七五年目に当たる。日本では一〇年ごとの周年が普通だが、欧米では二五、五〇、七五と一世紀を四等分した数え方を周年記念とすることが多い。私の父のように、ベルリン・オリンピックに出場した後、第二次世界大戦で戦没した人も数多いことだろう。ブランデンブルク門に世界中の「平和」文字を光で描こう！　イベントの内容が、あらかた決まった。

「ブランデンブルク門で光のイベントをやりたいのです。」

神余大使、三好公使にこうお伝えすると、お二人は困惑されたようだった。

「実は、ブランデンブルク門は、大事な場所なので、簡単に許可が下りないかもしれません。

かつて、アメリカのオバマ大統領が就任前にここで演説をしたいという申し出を、メルケル首相は断ったという話を聞いています。」

ということで、第二候補を探してほしいとのことである。

しかし私たちは、ブランデンブルク門の使用許可が下りなかった場合の代わりの場所としての第二候補を考えることができなかった。「平和の文字を光で描く」というイベントのコンセプトは、ブランデンブルク門以外にはないのである。

資金提供をあおぐ

さて、次の心配は、このイベントにかかる経費である。まず、イベントの実施を協力してくれる企業を探すことだ。

私たちは、ヨーロッパでイベントを行う時には、必ず現地でチーム編成を行うことに決めている。航空運賃や宿泊費を節約できるだけではなく、現地チームの方がその土地でのイベントのやり方に精通していて、設営も運営もスムースだからだ。東京からは、事務所の渉外担当の蟹井容子とイベントのアシスタントをしている津田修爾の二名がイベント当日の数日間同行するだけである。

現地のイベント会社には、大使館からの紹介でベルリンのイベントを数多く手がけているザンダー社を選び、足を運んだ。

女性がトップのこの会社のインテリアには驚かされた。通された応接室は、鮮やかな真紅の壁、床、天井。家具は真っ黒な皮張りだった。紹介された社長のザンダー女史は四〇代で、伝説の女戦士アマゾネスのようなたくましい女性である。説明をきくと、ベルリン以外でも数々の実績あるイベント会社であることがわかった。

打合せや、その後のやりとりは、すべて英語で行われた。私たちはヨーロッパでのイベントには、通訳の人や現地のコーディネーターを雇うことは全くない。すべて、自分たちで英語、娘の場合は仏語と英語で行ってきた。一九六〇年代の半ば、私がドイツで修業していた時は、ドイツ語しか通じなくて、苦労したものだが、今では仕事上はほとんどの人が英語を話す。

心配していたブランデンブルク門でのイベント開催許可は、政治目的ではなく日独友好の記念文化イベントであるということで、市から許可が下りた。これは、神余大使と三好公使のおかげである。パリでのイベントの時の困難さと比べものにならない。私たちは安堵して、イベントの内容の詰めに入った。

ザンダー社には、このイベントに必要な機材一覧を提示し、見積りを依頼した。提示された見積書には機材費と運営のための人件費、そしてイベントに必要な許可申請の取得手数料も記載されていた。ドイツ流の合理的な積み上げられた内容である。すべて英語できちんと書かれていて、金額も妥当と思われた。

次の課題は、イベントを実行するために協賛してくれる企業に、寄付をあおぐことである。ドイツ、特にベルリンとかかわりが深い会社はどこなのだろうか。神余大使、三好公使に伺ってみると、筆頭は三菱商事という。明治の時代から「三菱」はベルリンで日本大使館以上の働きをしていたそうだ。

「その歴史が書かれた本があります。著者のお一人である亀崎英敏さんは、三菱商事のベルリン支社長をしておられた方です。」

神余大使は私に一冊の本を下さった。

「亀崎さんは今は日本銀行の理事をしておられるので、一度お訪ねしたら良いでしょう。」

という有難い助言もいただいた。

亀崎氏が著者のひとりである『五月の伯林《ベルリン》から』（私家版）は、三菱商事からベルリンへ赴任された方々で書かれたもので、読んでみると、明治、大正の時代、シベリア鉄道に乗って、はるばる日本からヨーロッパへ旅する時の、いわば終点ともいうべき所が、ベルリンであったという。横浜から船で大陸に渡り、そこから何日もかかるシベリア鉄道の旅を経て到着した日本人を、三菱は受け入れ手厚くもてなしたとある。もちろん、恩恵を受けた人たちは、その恩義を何かにつけて返したことであろう。亀崎氏は大のドイツ好き、特にベルリンに愛着がある人ということで、神余大使の御紹介を得て、私は当時日本銀行の理事をしておられた亀崎氏をお訪ねした。

日本銀行の建物に入るのは、はじめてであった。広い理事室に通されると、亀崎氏が笑顔で出迎えて下さった。イベントの主旨を説明して、出されたお茶をいただきながら、私は母方の祖父、君島一郎の話をした。理事室に至るまでの長い廊下を歩きながら、祖父を想い出していたためである。

「私の祖父は、その昔、帝国大学経済学部卒業の第一期生として日銀に入りました。入行後、一九〇〇年代のはじめ、ロンドンに留学し、その後東欧の金融事情を視察して帰国したと聞いています。」

亀崎氏は早速秘書を呼んで祖父の経歴を調べるように命じられた。

「君島一郎さんは、帰国後各地の支店長を歴任されて、最後は文書局長をここでされていた方ですよ。」

亀崎氏は、私の祖父に親しみを感じられたのか、早速、三菱商事にイベントへの協力を依頼され、三菱商事の協賛がほどなく決定した。

ドイツは国を挙げて環境問題に取り組んでいる。国民のエコロジーに対する関心は高く、家庭から出るゴミも十種類近い分別が行われていると聞く。この国でのイベントでは、環境に優しいこともアピールしなくてはならない。

前回パリで行った周年イベントの時に、協賛いただいたパナソニックは、太陽光発電にも熱心に取り組んでいる。そうだ！　パナソニックのソーラーパネルを屋根につけたコンテナをイベント現場に持ち込んで、そこで発電した電気を使って、ブランデンブルク門の上に飾られている四頭立ての馬車と勝利の女神を投光照明で浮き上がらせよう！　と私は考えた。パナソニックに協賛を頼み、併せてコンテナをお借りすることもお願いした。その案には、当時の中村邦夫会長の賛同が得られて、実現の運びとなった。

外務省の外郭団体で、文化事業の支援に当たっている国際交流基金の協力も得られた。何とか、イベントに必要な予算を集めることができたのである。

私たちのイベントは、今回もほとんどが手作りである。広報は一切、自分たちで行い、照明デザインはもちろんのこと、ポスターやフライヤー（広報用印刷物）などのグラフィックも、自家制作である。映像プロジェクションのソフト制作のほとんどは、リーサ明理がパリで行う。そうすれば交通費も宿泊費も、実質本位で抑えられて、無駄がない。

不特定多数の観客が訪れる街中のイベントでは、何が起こるかわからないという不安はいつもつきまとう。これを払拭するには、保険をかけるしかない。パリのイベントの時と同様、日本の保険会社はヨーロッパのイベントのための保険を全く用意していないので、今回もヨーロッパの保険会社を探し、人身事故には日本円で三億円、物損には一億円の補償をする保険をかけた。保険料はケチらないのが、私たちがイベントを行う時の基本的な方針である。ところがここで、思わぬことが起きた。イベント間近になって、屋根の上で発電をするコンテナを現場に置くことにしたために、保険会社からは、保険料の計算をやりなおすと通告された。理由はよくわからないのだが、コンテナが入ると料金がかなりアップするという。予想外のことだったが、いまさらコンテナを取り消すわけにはいかず、保険会社の言いなりとなってしまう、ハプニングもあった。

「平和」をテーマに

さて、問題はイベントの中味である。

伝えたいことは、「平和」。「平和」を意味する文字は、オリンピックに参加する二〇四の国と地域から、集めることとした。調べてみると全部で四六種類ある。英語の「ＰＥＡＣＥ」のように、多くの国々で使われている言葉もある。日本語の平和は、逆に和平とすると中国語となるので、あえてひら仮名の「へいわ」を間にはさんで、併記するようにした。

たくさんの光文字の「平和」が次々と出てくる場面には、イベントの開催地のドイツを中心としたヨーロッパの地図をバックに各々の国の平和を意味する文字を入れていく。バックの地図はその後大西洋を西に向かって南北アメリカを、そして太平洋を横断して日本とアジア、中東と北アフリカを経て、再びヨーロッパに戻る。光で描かれた「平和」を意味する各国の文字は、バックの地図と一緒に現れる。世界を光文字と一緒にまわってヨーロッパに戻った後は、世界中の光文字「平和」が集まってクライマックスに達する。

このストーリーには、音楽が大きな役割を果たす。調べたところ、ＥＵのテーマ音楽はベートーベンの交響曲第九番だという。では、第九をアレンジして、通過国の音楽を加え、最後は純粋な第九に戻して、クライマックスを迎えよう。フランス語の「ＰＡＩＸ」が現れた時は、第九のメロディーがシャンソン風に、アメリカ合衆国の「ＰＥＡＣＥ」（英語）の時はジャズ風に、南アメリカの「ＰＡＺ」（スペイン語・ポルトガル語）では、タンゴのリズムというわけだ。

音楽のアレンジは、パリのジャイ・エルネスト氏に依頼した。映像とのコラボは、パリのイベントの時に経験済みである。

この平和文字のプログラムは第二部とし、第一部は日本文化の紹介にすることを、娘のリーサ明理と相談の上決めた。家族間コラボレーションの良い点は、一緒に移動している車内でも、食事中でも仕事の話ができることである。私たちは、よく空港の搭乗前の待ち時間に、ノートを広げて、メモやスケッチを描いたりして過ごした。

ブランデンブルク門は六本の太い円柱に支えられた上に大きな桁が横方向に連なり、その上にギリシャ風の平たい三角形がある。さらにその上に四頭立ての馬車と勝利の女神のブロンズ像が載っているという壮大なもので、高さ二六メートル、幅六五・五メートルある。円柱は下からカラーアップライトで照らし上げ、その上の桁の部分に、文字や映像を映し出す。ブロンズ像の下には、日本とドイツの国旗を映像で映し出し、ブロンズ像はソーラー発電の最新の投光器で照らし出す。それらがイベントの光の構成であった。

父が見守ってくれた

二〇一一年九月八日、イベント前日の早朝五時から、ブランデンブルク門の前広場では、建て込みがはじまった。三層の鉄骨のイントレ（機材を載せる足場）が組み上げられていく。日本のイントレよりはるかに大ぶりで、一層の高さが倍近い三メートル以上もある。上に昇る梯子はなく、イントレを構成する鉄のパイプにつけられた丸い刀の鍔《つば》のような部品に足を乗せて昇って行く仕組みだ。

イベントの実施チームは、ザンダー社から派遣された担当者三名のもとに、ＰＲＧ社の屈強なドイツ人男性八人の編成である。みなガッチリとした戦士のような体つきで、声も大きい。みるみるうちにイントレが組み立てられ、そこに第一層の上に載せる巨大なポリタンクが現れた。水を入れて重しにするという。私の背丈ほどもあるポリタンク四台に水が入れられ据えつけられる。これは日本にはないやり方である。最上層に置かれる映像プロジェクターが揺れないための処置である。プロジェクター二台を重ねて、映像を照射するこのイベントでは、プロジェクターが動くことは許されない。ポリタンクは画像が乱れてしまうことを防ぐためのものだ。

統括するのは、ザンダー社のジャン・イージング氏。四〇代前後のとび色の瞳をしたハンサムなドイツ人男性で、冬の寒い時期は地中海のマジョルカ島で暮らし、季節の良い時期はザンダー社で仕事をするという、羨しい働き方である。仕事のできる人なので、恐らくプロジェクト単位にザンダー社と契約しているのだろう。ヨーロッパのイベント業界では、このような半分フリーランスのような人たちが多い。より自由な仕事の仕方であろう。

ブランデンブルク門が徐々に夕闇に包まれてきた。いよいよ本番に向けて、リハーサルのはじまりである。

まず、イントレ最上層にある大型プロジェクター二台を点灯。幾何学的なパターンが映し出され、画角調整が行われる。凹凸の多い石造りの門へのシュート（投映）が念入りに繰り返され、私とリーサ明理は、地上から作業を見守る。

六本の門柱の足もとには、大型のカラー投光器が置かれ、太陽光発電で得られたコンテナの電気で点灯する小型ＬＥＤ投光器が、イントレの上部に吊り下げられる。この投光器は、日本のスタンレー電気が試験的に製作したもので、当時二・五度配光という超挟角配光のＬＥＤ投光器は珍しいものだった。ソーラー発電による少ない電気を効果的に用いて、頂部のブロンズ像を照らすのに、最適なものであった。

ドイツ人は音にうるさい。この門前の広場は、ベルリン最高のホテルや大使館が並び建つ。

明るいうちに市の監督官がやってきて、音量をチェックし、機材にこれ以上出してはいけないというマークをつけていった。リハーサル時も音量を上げないように細心の注意を払った。

　夜は更けていく。画像の調整はなかなか進まない。第一部、第二部と点灯チェックを行い、細かい修正の指示を出す。現場作業が大好きなリーサ明理は、イントレの低層部でオペレーターに次々と指示を出す。私は腕組みをして、門を見つめる。ドイツ人の男性スタッフは、照明、音響、映像と分かれているが、みな腕の立つ優秀な人たちで、次々と難題を解決し、完成に近付いていく。私たちを含めて、みな時計の針は気にしない。最終調整が終わったのは、深夜三時に近い頃だった。

　翌九月九日、イベント初日は何と小雨が降る悪天候で、私たちはがっくりと肩を落とした。しかし天候だけは、いかんともしがたい。

「小雨で濡れた広場は、光が映り込んで綺麗だわ。」

　私は、自分にそう言い聞かせて、気持ちを引き締めた。

　点灯式は夕方七時半からはじまった。点灯ボタンを押すのは、ベルリン市長、神余大使、ベルリン訪問中だった元文科大臣の遠山敦子さんと私である。ベルリンのラジオ放送局の女性アナウンサーが、ドイツ語と英語で司会に当たった。カウントダウンののち、

「スイッチ・オン！」

　のかけ声で音が響き光が放たれた。暗闇の中にあったブランデンブルク門にドイツと日本の

国旗とドイツ語の「ＦＲＩＥＤＥＮ」、日本語の「平和・へいわ」の文字が浮かび上がった。

六本のギリシャ風の円柱が真紅の光で照らし上げられ、四頭立ての馬車と女神に白い光が照射される。いよいよ第一部のはじまりである。葛飾北斎の描く日本の風景が次々と映し出される。


第一部となる日本文化の紹介には、迷わず葛飾北斎の浮世絵の風景画を選んだ。浮世絵は、線と面で構成されているので、石造りの門のディテールの上に映写しても、わかりやすい。東京国立博物館から画像を提供していただいて構成した第一部の最後は、北斎が描いた浅草の雷門をブランデンブルク門に重ねた。


数秒の暗転のあと、私たちが精魂込めて創った第二部のはじまりである。

ドイツ語、フランス語、スペイン語とヨーロッパの平和文字が右からへ左へと流れていく。バックの世界地図の画像はヨーロッパからアメリカ大陸へ、そしてアジアへと移動する。日本語、韓国語、タイ語、ベトナム語と、様々な平和文字が、色とりどりの光で映し出される。音楽も国々に合せて変化する。インド、中近東と平和文字は移動し、最後に再びヨーロッパに戻る。そして、上下左右から世界中の平和文字が一堂に集まるクライマックスに至るのだ。音楽は高らかにベートーベンの第九を奏でている。

三〇分のパフォーマンスが終わった時、広場に集まった大勢の観客から拍手が起きた。私たちが、ほっと胸をなで下ろす瞬間である。見ると広場には、たくさんの報道関係者が来ていて、このイベントの模様は、広くヨーロッパの各国で報じられた。ＮＨＫをはじめ日本の新聞社も多数取材してくれた。

点灯式の後、広場に隣接するホテルアデロンでは、会場を見下ろせる部屋で、日本大使館主催の夕食会が開かれていた。私も招待を受けていたので、イベントの一回目が終った後、遅れて出席したが、階下のイベントが気になってしかたがない。上演中に何かが起きた時には、すべての責任は私がとらなければならない。失礼を承知で私は一皿だけいただいて早々に夕食会を退席し、現場に戻った。

初日は順調に二三時で、光イベントは終了した。一日を締めくくるスタッフ全員でのミーティングをした後、広場に面したカフェで、スタッフ全員を招いて簡単な食事会を行った。ドイツ人スタッフは寡黙で無駄口をきかない。一見、無愛想で大柄の強そうな人たちである。そんな彼らも初日が成功裡に終わったために、リラックスした様子だった。

ベルリンの地ビールで乾杯した後、ドイツ人スタッフの代表が、

「プレゼントがあります。どうぞ。」

と言って、私たちに包みを手渡した。開けてみると、ベルリンの壁のかけらだった。一〇センチほどのセメントの破片は表面を虹色に塗られていて、置き物として飾れるようになっていた。

「ダンケシェーン！」（有難う！）

私たちは握手をして、プレゼントを受けとった。プレゼント好きの日本人と違って、ヨーロッパの人たちは、クリスマスや誕生日といった決まった時に親しい人としかプレゼントのやりとりはしない。彼らからプレゼントをもらうことは、私には意外だった。

「素晴らしい光イベントでした！」

「僕たちは、このイベントに参加できて良かったです！」

みな口々に、このイベントを称えてくれたのが嬉しかった。

「今後、あなた方がイベントをする時には、地の果てまでついていきますよ！」

こんな言葉までとび出して、私たちは一瞬当惑したものだが、普段、軽口をたたかない北ドイツの男性にとっては、思いきったホメ言葉だったのであろう。

リーサ明理には、この後まだ一仕事残っていた。彼女は事務所のデザインスタッフの津田修爾と一緒に近くのホテルのビジネスラウンジに陣取って、初日のイベントの映像編集を行う仕事がある。全体を約一〇分程度の長さに編集したものを、東京に送る予定になっていたのだ。

折しも、東京では日本サッカー協会の創立九〇周年の記念パーティーが盛大に開かれていた。ホテルの大宴会場を埋めつくす招待客と関係者の方々の前で、壇上に立った小倉純二会長の挨拶があった。

「ベルリンのブランデンブルク門で行われたばかりの日独交流一五〇周年記念イベント——平

現地メディアの取材に応じる筆者

多くのスタッフの力がイベントを成功へと導く

和の光のメッセージの映像が送られてきました。今年はベルリンオリンピックの七五周年に当たります。この光イベントはその時の日本代表チームのキャプテン・竹内悌三さんの令嬢石井幹子さんが行いました。どうぞ御覧下さい。」

　令嬢と言われるには、少々薹《とう》が立っていて面映ゆいが、私には胸に迫るものがあった。このイベントの成功は、亡き父が見守っていてくれたとの思いがあったのである。

「平和の光のメッセージ」は、第二次世界大戦で亡くなった世界中の大勢の人へのレクイエム――鎮魂歌でもある。

第四章

日中国民交流友好年記念イベント
中国・北京　悠久時空
稔らなかった北京の明かり

2013

上海から北京へ

五冊の分厚いプロジェクト・ファイルが私の事務所の本棚に並んでいる。二〇一二年の日中国民交流友好年記念イベントの時のものである。

ことのはじまりは、二〇一一年七月、上海の高層ビルが立ち並ぶ浦東《ほとう》地区での昼食会の席上であった。

ここには、日本の森ビルが建てた上海で一番高い（当時）超高層の「環球金融中心ビル」があって、私がそのビルの外観のライトアップを手がけていた。上海森ビルの総経理（社長・当時）の吉村明郎さんは一九九〇年代に、私たちが浦東地区全体の照明計画を立案した時の森ビル側の担当者で、まだ開発途中の暗い街だった浦東地区を一緒に調査した方である。その後、浦東地区には雨後の筍のようにたくさんの高層ビルが立ち並んで、その最高峰のような建物が環球金融中心ビルであった。

昼食会には、上海の総領事泉祐泰氏が招かれていた。高層ビルのレストランの窓からは、上海発展の基となった外灘《がいたん》地区が見渡せる。

「実は、来年の二〇一二年は、日中友好四〇年に当たります。大きなイベントを、上海で仕掛けたいと思っているのですが、何かよいアイディアはありませんか？」

泉総領事の言葉に、私の期待は高まった。中国は私にとって、小さい頃から身近な存在である。まず、小学生の頃の『孫悟空』、中学・高校生の頃の『三国志』や『水滸伝』、大人になってからは、司馬遼太郎の『項羽と劉邦』。そしてこの頃は宮城谷昌光の中国ものにすっかりはまっていたのである。

東京に戻ってから、私はすぐにアクションを起こした。ブダペストのエリザベート橋のライトアップで実行委員長をしていただいた河野洋平先生をお訪ねした。河野先生は日中の経済と文化交流を目的とした日本国際貿易促進協会の会長もしておられて中国での人脈も広く持っておられる。何よりも文化的なことがお好きで、照明デザインにも理解が深い。かつて衆議院議長公邸の庭園照明の改修をお手伝いしたこともあって、中国の光イベントを推進していただけると思ったのだ。

「中国と日本は、もっと国民同士が知り合わなくてはいけません。友好を深めることができるイベントは必要です。ただ、中国の中心は上海ではなく、北京ですよ。」

河野先生によると、中国の政治の中心は北京だし、大きな光イベントをやるには歴史のある首都の北京でなくてはという考えであった。他の中国通の方や中国との交流団体の方々へ聞いてみると、みなさん口を揃えて「北京」という答えである。そもそものきっかけは上海だったので、私は上海の外灘地区と北京の故宮の中で最も大きな太《たい》和《わ》殿《でん》の二つの場所を候補に挙げた。

今考えると北京と上海という大都市で開催しようなどとは、誇大妄想もいいところである。

河野事務所の御紹介で外務省の杉山晋輔アジア大洋州局長をお訪ねして、中国担当の方も同席の上、お話を伺うと、やはりイベントを行うなら北京ということになった。二〇一二年には、大がかりな周年事業の数々が予定されていることも、わかってきた。ヨーロッパの国々とは違って、中国と日本は経済的なつながりも大きく、周年事業の委員会には、日本を代表する大企業が多数名を連ねている。

早く現地を訪れて、どこで何を行うのかを決めて、協賛して下さる企業を当たらなくてはならないと、私の気持ちもあせってきた。一方、二〇一一年はドイツのベルリンでのブランデンブルク門のライトアップイベントがあり、また東日本大震災にみまわれた影響もあって、北京を訪れたのは、一一月になってからであった。

北京での会場探し

北京の日本大使館では、山田重夫公使と、大塚恵二等書記官が対応に当たって下さった。山田公使は、気持ちの良いフランクな方で、大塚書記官は、中国語が堪能なスマートな女性である。お二人とはすぐに打ちとけて、話が前向きに進んだ。

そして現地視察がはじまった。この時も今回一緒にプロジェクトに取り組むリーサ明理をパリから呼び寄せて、北京で落ち合った。彼女も北京は大好きで、大喜びでやってきた。海外出張には日頃から慣れている。

山田公使、大塚書記官の案内で、まず天安門広場、故宮——特に太和殿周辺、天壇、鼓楼と街中の中心的な建物を見てまわった。どれも素晴らしいのだが、何しろスケールが大きい。これはずい分と予算がかかりそうだなと、私は少し心配になってきた。

新しいものも見ようということになって、「鳥の巣」と呼ばれているオリンピック・スタジアムや周辺の体育館などを巡った後、郊外の頤和園《いわえん》に向かった。頤和園は市の北西の湖畔にある西太后が命じて建てさせた清朝末期の豪華な離宮である。ここで光のイベントができたら、さぞ壮大な美しいものになるだろうと、想像してみるのは楽しいのだが、現実はなかなか厳しい。頤和園は、人が大勢集まるには不向きという。また夜に散策できるような設備が整っていないので、街灯や足もと灯まで用意しなくてはならない。

鼓楼は故宮から比較的近い街中にあって、かつて太鼓で時を知らせた高楼である。周辺には北京の古い面影が色濃く残っていて味わい深い。ただその頃、外国の観光客が転落死する事故が起き、その時二つの行政官庁の間でもめごとがあったという。ここはイベントの許可をもらうのが難しそうな所ではないか、とは大塚書記官の話である。許可が取りやすい場所を選ぶことも大事なポイントだ。

一方、私たちのイベントの計画を聞きつけて、北京市の方から「鳥の巣」で行ってほしいという要望が出された。日を改めて一二月に再び北京を訪れて「鳥の巣」に向かったが、何しろ対象は三〇〇メートル×三三四メートルという巨大なスタジアムである。しかも外観はメッシュ状に編まれた鉄材で包まれているので、投光照明やプロジェクションの光が半分以上抜けてしまって、効果が期待できないのだ。

日中の歴史と未来をテーマに

「鳥の巣」を固く辞退すると、北京市から別の案が出てきた。「永定門」という北京の南端にある明時代に建てられた門で、老朽化のため一九五七年に取り壊され、二〇〇四年に当時のものを復元して再建されたという。行ってみると、色彩やかな豪華な門で、幅広い石組みの城壁の上に三層の建物が立つ。柱は朱塗りで軒裏は群青、扉は紅色と色華やかである。前面の広場も真新しく、周辺は公園になっていて、よく整備されている。ここなら三〜五〇〇〇人の人が集まっても、問題がなさそうだ。「永定門」という名前は、日本ではそれまでほとんど知られていないように思えたが、このイベントで有名になってくれたら、それに越したことはない。

早速、光イベントの内容の詰めに入った。リーサ明理が暮れから正月の休みに帰国して、二人で様々な案を検討した。

まず、高さ九メートル、幅六〇メートルの石造りの城壁には、プロジェクションを、その上の三層の建物で、華麗な色彩を生かしたライトアップを行おう。プロジェクションは、三部構成にして、第一部は「日本に渡った中国の名品たち」。中国と日本の交流は、長い歴史を持つ。その間に様々な文物が中国から日本に渡ってきた。東京国立博物館のコレクションを中心に構成しよう。第二部は、日本の江戸時代の浮世絵――葛飾北斎の「冨嶽三十六景」を紹介する。第三部は、今回のプロジェクションのクライマックスである。日中友好を記念して、両国の小学生によって書かれた「友好」「未来」「愛」の文字をモチーフとして、新しい作品を創ろうということになった。

プロジェクションのソフトの制作は、ベルリンのイベントと同様に、リーサ明理が担当。パリのチームで画像と音楽を新しく制作する。音楽は、日本と中国の古くからある童謡をアレンジすることとした。

タイトルは「悠久時空」と名付けた。思い起こせば中国と日本は悠久の時と空間を共有している。このつながりがこれからも続いていってほしいという願いを込めている。

今回の実行委員会の委員長には河野洋平先生に就任していただいた。共催には中国日本友好協会、後援は在中国日本国大使館、中国文化部、北京市人民政府が予定された。そして、日本の文化庁からの支援を筆頭に三菱商事、住友化学、パナソニック、アサヒビールといった中国と深いかかわりのある会社から協賛をいただいた。

山田公使と大塚書記官から、会場も決まったところで、現地の対応を担当してもらったと紹介されたのが、日本の広告会社のイベント担当歴の長い女性スタッフで、実施に向けて現地スタッフと一緒に気持ちよく動いてくれた。私たちが日本のイベントで一緒に仕事をすることの多い綜合舞台も北京に支社があり、そこのスタッフも協力してくれた。

ホームページも用意し、イベントは実施に向けて着々と進められた。中国と日本の小学生による習字の文字も集められた。プロジェクションの制作も順調である。開催日程は、九月二五日のリハーサル、二六日、二七日の本番、二八日に撤去、と決まり、点灯式の詳細も見えてきた。

イベント開催が危機に

ところが、思わぬ事態が起こった。

二〇一二年四月一七日、石原慎太郎都知事が「東京都が尖閣諸島を購入する」と、米国ワシントンでの講演で表明したのである。加えて時の野田佳彦内閣総理大臣も「国有化について検討したい」と国会の予算委員会で述べた。

新聞、ＴＶはこの発言を大々的に報道し、中国ではにわかに反日的な気分が盛り上がってきたのである。領土問題はデリケートな事柄である。中国側も冷静ではいられない。反日の火の手は段々と大きくなり、六月には北京の日系のホテルで予定されていた、周年事業のパーティーも中止に追い込まれた。

私たちのイベントにも、火の手が迫ってきた。まず、入場者を制限して小規模にするようにという要請からはじまり、入場口には、空港に置くようなベルトコンベア式の手荷物検査台を五台用意するようにという通達があった。値段を調べてみると日本円で一台五〇〇万円という。五台入れたら二五〇〇万円という、とんでもない金額となる。さらに、当局は治安維持のための方策を何も行わないという。観客が暴徒化した場合は一切の責任は持てない、すべて主催者側で対応するようにということである。

残念ながら、このような状況ではイベントを行うことができない。私たちは日本大使館と相談して、ひとまず延期することに決めた。今後、どのような状況になるかわからないが、国民感情が良くなってイベントが実行できるようになるまで待つしかない。他の日中友好イベントも、すべて中止となった。夏が過ぎても状況の変化はない。九月になって、日本の尖閣国有化論が契機となり、日中関係は更に悪化したようだった。秋が過ぎて晩秋、そして一二月となると冬の寒さが厳しい北京では、屋外イベントは成立しない。

一方、このイベントを支援している文化庁からは、年度内に実行できなければ、支出はできないと告げられた。それも、できれば一月中ぐらいに何かを行ってほしいという。例えば、東京国立博物館で行うのはどうかといった具体的なアドバイスもいただいた。協賛の各社の対応についても考えなければならず、頭の痛いことが続いた。

　そこで思いついたのが、北京の日本大使館の中での開催である。大使館には二〇〇人ほど収容できる真新しい多目的ホールがある。日本大使館に相談すると、好意的な回答をいただいた。でき上がったプロジェクションの作品だけでも見てもらいたいと私たちは願ったのである。

映像作品を披露

二〇一三年一月二五日の朝、私は北京にある日本人学校に向かった。大使館の要請で、日本人学校の五、六年生に講義をしてほしいという依頼を受けたのである。

　日本人学校の生徒さんたちには、先にプロジェクションの制作のために、「友好」「未来」「愛」という習字の文字を書いてもらったいきさつもある。その生徒さんたちにお礼も伝えたい。

　小学校の体育館には、二〇〇人くらいの五、六年生が体育座りで集まっていた。この両脚を立て膝にする座り方は、私にはなじみがなく、奇異に感じられた。せめて折りたたみの簡易な椅子を使用したらと思うのだが……。見ると三分の一ほどの生徒がマスクをしている。当時、北京市内は急激に増えた自動車の影響で排気ガスによって大気が汚され、一〇〇メートル先の建物が霞みがかかったような状態だった。

照明の話を五、六年生にしても面白くないだろうと思った私は、まず東京タワーやレインボーブリッジなど、私が行った照明デザインの例をスライドで見せて、光の素晴らしさ、美しさを伝えたいと思ったのだが、反応はもう一つである。

最後に私たちが開発した色とりどりのイルミネーションを点灯して見せた。ステージの際《きわ》に端から端まで一列に並べたイルミネーションに光が灯った瞬間、生徒たちは歓声を上げた。やっぱり生の光は、人々に感動を与えるのだと私は思った。

日本で暮らすのと違い、なかには北京にいることをうとましく感じている子供もいることだろう。一月の厳寒の北京に、排気ガス予防のマスクを付けた生徒にひとときの楽しさをプレゼントできたことが、私としては嬉しいことであった。最後に生徒代表がお礼の言葉を述べ、私は大きな花束をいただいた。

一月二五日は晴れ上がり、淡い青色が空に拡がっていた。

二〇一二「日中国民交流友好年」記念映像上映会のはじまりである。受付は一五時三〇分、大使館入口にはかなりの人数が集まり、パスポートを提出した後、多目的ホールに向かっている。ホールの定員は二〇〇人。計画の当初、上映後ビュッフェ・パーティーという案もあったが、中国では満腹になるほど充分な量の食事が求められるという予算と、ホールの設備的な問題から、ビュッフェ案は見送られた。

それでも、一月末の厳寒のなか、わざわざホールまで出向いてくださる方々に歓迎の気持ちを表したいということで、暖かいコーヒー・紅茶とクッキーを配る案が中国側の女性スタッフから出され、私は賛成した。いかにも女性らしい細やかな心配りが感じられて好ましかった。ホールの二〇〇席は満席となった。その後ろや両横に、日中両国の新聞やＴＶなど、取材の人たちが並ぶ。中国側からは人民日報、香港有線テレビ等、日本側からは、ＮＨＫ、読売、日経、産経、共同通信など、様々な媒体のカメラが並んでいる。

司会は、日本大使館の三上正裕公使。まず木寺昌人大使のご挨拶から始まった。木寺大使は着任されて間もないが、前任の大使からこの件は引き継いでおられる。木寺大使はのちにフランス大使になられた方で、私たちはこの中国イベントの七年後、またパリでお目にかかることとなる。

続いて、このイベントの実行委員長の河野洋平先生が挨拶に立たれた。河野先生はこの時、衆議院議長の要職に就かれており、この小規模な発表会のために、わざわざ東京からおいでいただいたことに、私は大変恐縮した。河野先生は責任感の強い方なので、このイベントが予定通り永定門で開催できなかったことに、責任の一端を感じておられるようであった。一連の経過を説明された後、今回の結果にはめげず、日中両国の友好は促進されるべきだという主旨のことを述べられた。

その後に中日友好協会王秀雲副会長が壇上に立った。薄ピンクのシルクのブラウスに大きな花の刺繍が付いた渋い緑のジャケットをお召しになった四〇代のシックな女性である。遂語通訳が王氏の祝意を伝えた。

さて、いよいよ本番となる。私のプロフィールが紹介されるなか、私は登壇した。低いステージだが、集まって下さった方々のお顔がよく見える。このイベントの関係者――大使館や友好協会の方々、北京駐在のスポンサー企業の方々、北京市や何度か訪れた巨大スポーツ施設・通称「鳥の巣」のスタッフの方たち。そして、数年前私が招かれて講演をした清華大学の学生さんたちのグループも来ている。このイベントには、手伝って下さった方々、許可関係や実施のお手伝いをしていただいた方々など、多数の関係者の方々がいる。このホールは二〇〇人が定員なので、招待者は限られていたはずである。

はじめに、私はこれまでの照明デザインの作品を静止画像を用いながら説明していった。東京タワー、レインボーブリッジ、浅草寺といった東京の事例に加えて、姫路城、大阪城、白川郷といった日本独自の夜景を紹介していった。

いよいよ、今回新しく制作した映像作品の上映である。題して、「悠久時空　友好未来」。日中の間にはこれまでの長い年月にわたった交流があった。遣唐使、遣隋使として命がけの航海で大陸に渡った人たちが持ち帰った中国の文化は、漢字をはじめ日本の文化に大きく深い影響を与えている。タイトルの「悠久時空」は、そのような長い年月を表現したものだ。そして「友好未来」は、日中のこれからの友好を願っている。ともに私が考えて付けたものだ。

最初のシーンは、スクリーンいっぱいに映し出された日暮れの永定門である。城壁の上の三層の建物は光を受けて、屋根が紅に軒裏が群青色に、柱は朱色で輝いている。建物の色は次々に変化する。その下の基壇のような大きな城壁には、左に大輪の牡丹の花々が、右に満開の桜の花々が現れ、牡丹の花は春を満喫するかのように、ゆっくりと揺れている。一方、桜の花は、そよ風に誘われて、花びらが舞い下りている。日中を代表する花々を表現したイントロダクションである。

第一部は、東京国立博物館所蔵の中国の名品で構成されている。大陸から渡ってきて日本で大切に継承された雅楽の響きに合わせ、青銅器と鏡が画面いっぱいに現れる。続いて色鮮やかな五点の皿。皿は序々に大きくなり、重なり合って迫ってくる。雪の結晶のような小皿が散った後は、唐三彩の牛車が大きな絵巻物を引いて現れる。豪華で色彩豊かな花鳥画の次は、山水の墨絵。最後には一対（二本）の燭台に火が灯されて、幕となる。

第二部は、葛飾北斎の「冨嶽三十六景」である。これも城壁に大きく映し出されることを想定している。浮世絵のように線と面、そして色彩で大胆に構成されたものはプロジェクションに向いている。細かい陰影で立体感を表したり、細かい絵柄のものは、不向きなのだ。北斎の冨嶽三十六景には、富士山が様々な景色の中に出てくる。日本一の山である富士山と、江戸時代の人々が描かれている浮世絵は、是非大勢の中国の人々に見てもらいたいものであった。音楽は、浮世絵と同時代の三味線と鼓の曲を添えている。

そして第三部がはじまった。満天の星空に「悠久未来」のタイトルが浮ぶ。文字が消えると右手下から満月の登場である。月はゆっくりと登り中央で大きくなる。月に兎がいるのは、東洋では共通である。「うさぎうさぎ、何見てはねる！」日本の童謡の調べで満月の中で兎の餅つきがはじまる。日中の小学生によって書かれた「友好」の文字が、左右から連なって出てきて月を囲む。

次のシーンは友好文字の虹である。円弧状に描かれたこれらの「友好」の文字が虹色に染まり、周囲には蝶々が舞う。動きを助けるように、中国の童謡の調べが奏でられる。

この後に、「愛」の文字が登場する。様々な書体で書かれた愛の字は、一字一字が擬人化されて、ブランコに乗ったり、なわとびをしたり、テニスやサッカーに興じたりしている。音楽は中国の可愛らしいメロディーで、そこに子供たちの笑い声が加わる。私たちが一番創りたかったシーンだ。最後は愛の字が緑と青になって円《まる》く集まり、地球に変わっていく。画面いっぱいに子供たちが書いた「地球」「未来」の文字が拡がって、エンディングとなった。

暗転の後、日中二か国の言葉で私のメッセージが映し出された。

> 日本と中国の長い歴史を踏まえながら、両国民がもっとお互いを知り好意を育み、アジアの平和と繁栄に手を携えて行くことは、二一世紀のアジア、そして全世界のためにも不可欠なことといえましょう。この映像を通して、中国と日本の国民がもっとお互い

に理解を深めていくことを願っています。

総合プロデューサー　石井　幹子

上映が終わった。拍手の後、私は丁寧におじぎをして、壇を下りた。たちまち大勢の若い学生さんたちに囲まれた。みな、にこにこと晴れやかな顔をして私を見ている。学生さんたちの背後には、清華大学で照明を教えておられる詹教授のお顔もあった。詹教授もにこやかなお顔をこちらに向けている。

「石井先生、素晴らしかったです！」

「とても勉強になりました。また、大学に来て下さい！」

「私は日本に行きたいのです。先生のところに行ってよいですか？」

一五人ほどの若い人たちが私を取り囲んで、口々に英語と中国語で叫ぶように話をしている。私は東京から持参してきた作品集やパンフレットなどを詹教授に改めて差し上げた。

「また、大学に来て下さい。」

と、詹教授がおっしゃる後に、学生さんたちも同じことを次々と言う。

この様子を近くから見ていた共同通信の小池真一記者（当時。現・編集局エンタメ取材次長）は、会が終わった後、私にこう言った。

「素晴らしい光景でしたよ。若い人たちがあんなに感激してくれるのを見て、この企画はとて

北京の日本人学校の生徒たちに語りかける

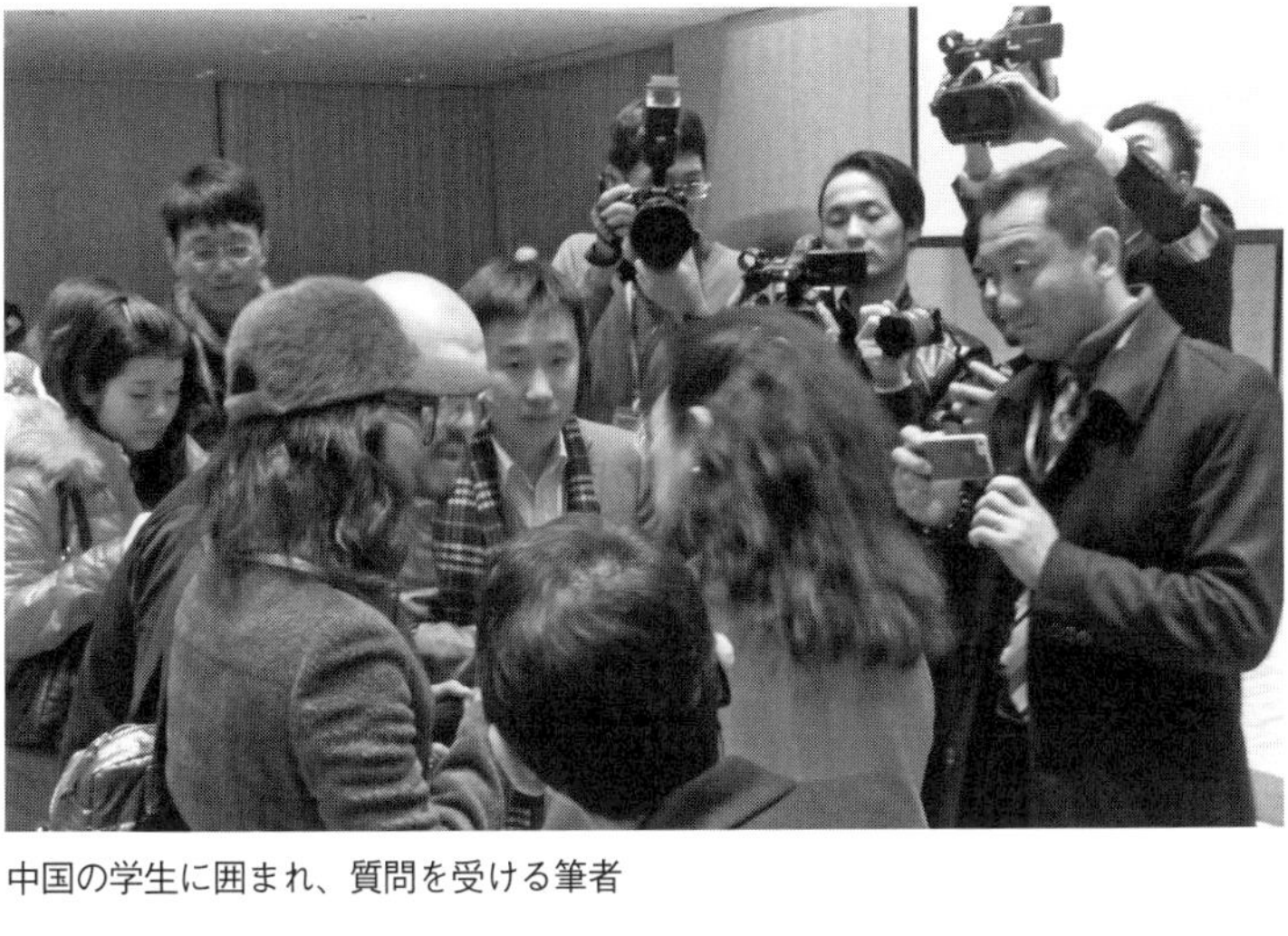

中国の学生に囲まれ、質問を受ける筆者

も良かったと、自分も感動しました。」

小池さんは、この上映会のために、わざわざ多忙ななか、北京まで来てくれた人である。

この上映会の模様は、人民日報網で国中に伝えられた。新聞、テレビ、WEBでも、「日本国照明デザイナー石井幹子氏、北京で上映会」というタイトルである。日本でもNHKのニュースをはじめ、読売、日経、産経、そして共同通信から広く全国の地方紙にも配信され、掲載された。

「友好未来」は、なかなか実現できないかもしれないが、小さな種が方々に撒かれて、やがて芽が出て花が咲く日がくることを願っている。イベントのはじまりに予定していた映像、大輪の牡丹の花と、満開の桜の花が咲き誇る日が、将来訪れることを願ってやまない。

第五章

ドイツ・フランクフルト「ライト&ビルディング」
日本が生んだ新しい光

2012-2016

新たな光源との出会い

一九七〇年代――私がヨーロッパから日本に戻って照明デザインをはじめた頃、未来の光源(白熱電球など光を発するもの)として、「エレクトロルミネセンス」という新しい光が出現すると言われていた。これは、板状に発光するもので、しかも白熱電球と違って熱を発しない冷たい光源だという。

一九七〇年代の日本は、技術革新が様々な分野で進行した。照明でも蛍光灯に次々と新しい形状のものが生まれ、HID光源のひとつであるメタルハライドランプ(電球の中に金属ガスを封入した高効率の光源)など、世界のトップレベルのものが、日本で次々と開発されていた。照明器具は言ってみれば熱との戦いで、いかに光源の熱を逃がし、光だけを有効に使うのかが勝負のしどころだったのである。

そのような状況の中で、冷たい光源というのは、大変魅力的で、エレクトロルミネセンスの登場が待たれたのだが、いっこうに現物は現れてこなかった。

二〇〇二年に、パリで開催された照明の特別大展示会「エレック二〇〇二――ライト・プルミエール　パリ」に、私は招待デザイナーとして要請されて、大きな展示スペースを与えられたが、その時に出品して話題を呼んだのは、エレクトロルミネセンスの試作品であった。これは、幅三〇センチ、長さ二メートルの発光する掛け軸で、自動車のヘッドランプなど、光学系を用いた特殊な光技術で、世界的にシェアを持つ、日本のスタンレー電気に、私が頼み込んで製作してもらったものだ。独特の青磁色で輝く掛け軸を四幅飾り、その中に光にまつわる文字――光・明・照・輝を切り抜いたもの――を構成して、作品に仕立てたものである。この光る掛け軸は、特殊な無機素材をプラスチックフィルムに塗布し、それに電流を通して発光させたものであった。

私は、この新しい光に着目して、大いに将来の発展を期待したのだが、スタンレー電気は、その後開発を中止してしまった。屋外使用を目指す同社としては、防水のための封止加工がきわめて難しいというのがその理由であった。

二〇一一年、私は住友化学が進めていた有機ＥＬ（封入された有機物が発光する新光源）の開発とデザインに携わることになった。これは二〇〇九年に完成した、ハンガリーの首都・ブダペストのエリザベート橋ライトアップのプロジェクトを通して、この事業の推進に大いに力を注いでいただいた、住友化学の会長（のちに経団連会長）米倉弘昌氏の依頼がきっかけとなっていた。住友化学は、将来の発展にそなえて、有機ＥＬ関連の特許の数々を、すでにイギリスの研究機関から入手済とのことであった。新しい光素材の開発に参加できる！　私にとっては願ってもない、ワクワクする事業であった。

まずはじめに、筑波にある住友化学の研究所を訪問した。

有機ＥＬ——ＯＬＥＤ（オーガニックＬＥＤ）と呼ばれるこの光素材は、その時はまだ研究所内のクリーンルームの中で、大切に製造されていたので、まずクリーンルームに入った。靴やコートを脱ぎ、側面からふき出る強い風でほこりを落としてからの入室である。

部屋の中では、四センチ四方の光素材が、柔らかな光を発していた。目を射るような強い光ではなく、あくまでも優しいおだやかな光である。新しい光にすぐ夢中になる私にとって、はじめての素晴らしい出会いであった。

さて、これからともに開発に携わるグループの人たちと顔を合わせてみると、みなさん化学系の出身で、博士号を持つ人も多いが、デザインとは全く無縁だったという。デザインについてもっと知ってもらわなくてはと思い、私はデザイン一般について、特に照明デザインについて、共通のプラットフォームに乗ってもらうことを考えた。まずは連れだって夜の銀座通りを歩き、照明を見てもらった。そして、住友化学のＯＬＥＤが市場に出た時、どんな照明として使ってもらえるだろうかという質問を投げて、銀座通りから見る照明に置きかえられるものを探してもらった。そんなスタディーを繰り返しながら、化学系のスタッフの方たちと徐々に打ちとけていった。

開発は、目標を立て時間を区切って進めていかないと、はかどらないものである。まして、住友化学のような二兆円もの売り上げのある大企業では、すべてが悠々と進んでいるように見受けられた。

「そうだ！　フランクフルトの『ライト＆ビルディング』に出展してもらおう！」

　と私は考えた。

　ドイツのフランクフルトで二年に一度開催される「ライト＆ビルディング」は、世界最大級の大展示会で、ヨーロッパを中心として、世界中から優れた照明と電材（電気設備に必要な材料）が集結する場である。

　ヨーロッパの見本市はメッセと呼ばれる。中世からはじまった商品の展示と販売の場で、各国が国を挙げて奨励しており、特にドイツでは、東西分裂の時代には、西側が「ハノーバーメッセ」を国策として開催し、西ドイツの戦後の復興の目玉とした。見本市《メッセ》では、商品の展示だけではなく、その場で商談ができることも特長である。生産者と購入者が直接話し合うことのできるメリットは大きい。

　世界最大級の見本市《メッセ》であるフランクフルトの「ライト＆ビルディング」にはヨーロッパのみならず、世界中から人や物が集まる。新製品のサウンドを聞くにも、もってこいの場所である。

「ＯＬＥＤを『ライト＆ビルディング』に展示して世界の人に見てもらいましょう！」

　私は住友化学の人たちに説明し、そのためのスケジュール表を提出した。翌二〇一二年の開催に間に合せるためには、早急に開発のスピードを上げなくてはならない。グループのリーダーだった上田博常務は、見本市《メッセ》に出展する効果を、すぐに理解して賛成して下さった。社内での賛同も得て、ことは急ピッチの展開となった。

フランクフルトの「ライト&ビルディング」見本市《メッセ》は、州と市からなる見本市《メッセ》公団が運営している。まず出展の申し込みをして、よい場所を獲得しなくてはならない。この場所取りには、私も積極的に動いた。日本の企業も何社か出展しているのだが、どこも、片隅の目立たない場所に追いやられているように見えた。

フランクフルトには、日本の領事館もあり、総領事は、当然見本市公団の上層部と親しいはずである。ベルリンのイベントの時にお世話になった外務省のドイツ派三好真理さんに御紹介をいただき、私はヨーロッパに出かけた時に、フランクフルトの領事館を訪ねた。

「日本の新しい開発製品のために、見本市《メッセ》公団の上層部に、よい場所をいただけるように、働きかけていただけませんか？　これは国益につながることです。」

一企業の応援はできないという総領事に、ＯＬＥＤの成功は国益であると、私は力説した。こういう時、私は積極的に行動する。これまでも、いざという時には自分が信じることには全力で当たってきたが、この時も総領事を懸命に説得した結果、協力を得られた。そのためか、よい場所が確保できた。その勢いに乗って、私は展示の企画とデザインに取り掛かった。

まず、〝世界初〟にしなくてはならない。製品としては、まだ完成度が低く、価格も高い現状のＯＬＥＤをアピールするには、どうしたら良いだろうか？　いろいろ考えた末に、展示品がまだ手作りの段階であることを逆手にとって、たくさんの色が製作できることが売りになると気付いた。

「そうだ、六〇色の和の色にしよう。」

日本の伝統色には、白色が入った柔らかな中間色が多い。光の色は鮮やかで、そういう色光は、それまで出せなかった。中間色の光はこれまでなかったものである。では六〇色をどうやって見せるか？

考えた末、五面を光障子のようにした六角形の「光の部屋」を作ることにした。一面に少しずつ色味を変えた二四枚のＯＬＥＤをはめていき、五面で一二〇枚を六〇色各色二枚ずつで構成したのだ。

格子をアルミの押出し材で作ろうとしたが、問題が起きた。細い電線が何本も入りながら縦横をつないでいく細かい細工は、アルミではできないことがわかった。

「障子を作る建具屋さんに頼んでみたら？」

私は、以前から懇意にしていた内装工事を専門とする吉村進さんに相談した。吉村さんは、数十年にわたって、木工の試作品や展示用の家具を頼んできた人である。

「熟練した建具の職人なら、この複雑な細工はできますよ。」

吉村さんはそう言って、六〇色のＯＬＥＤの展示する木製障子枠の製作を引き受けてくれた。

フランクフルトの三月はまだ冬である。五日間の会期中、必ず一日は雪かみぞれが降る。いささか狭い展示スペースではあったが、住友化学のブースには、日ごとに来訪者が増えてきた。

「ＯＬＥＤ！　しかも六〇色の展示が日本から来た！」

情報はまたたく間に伝わり、専門誌の取材も受けた。聞くところによると、ヨーロッパの照明業界老舗大手のフィリップスでは、六〇色のＯＬＥＤの出現が口コミでスタッフに伝わり、同社の大勢の人がかわるがわる訪れたという。

大成功であった。

私たちは、住友化学のスタッフの方々から、古い街並が残る旧市街のレストランに招待されて、本場のビールと春の特別料理「シュパルゲル」（白アスパラガス）に舌鼓を打った。白アスパラガスに、熱いバターソースをかけただけのシンプルなものだが、ドイツの春の名物料理である。さて、次回開催の二年後のフランクフルトでは、何を出展しようか？　と明るい話題に花が咲いた。

話題を呼んだ六〇色のＯＬＥＤ展示は、会議終了後、解体されて日本に戻り、その後、住友化学の筑波研究所のロビーに飾られることになった。再び組み上げられて、光が灯った六〇色のＯＬＥＤ展示は、社員のみなさんから寄せられた名称の中から選ばれて、「彩光堂」という名前がつけられた。研究所を訪れる国内外からの訪問者に見てもらうことを目的として今も健在であるという。

再びフランクフルトへ

二年後の二〇一四年に開催されたライト＆ビルディングには、二年間の間の開発の成果を展示することになった。企画とデザインは、再び私が行った。今回は二色を同時発光させる技術を見せることにした。これも世界初である。一〇センチの正方形の中に、赤色の地色に青の三角形を組み合わせたり、紫色の地色に緑で「光」の文字を浮き出させたものなど、二色を用いたバリエーションを展開した。

また、写実的なものにも対応できることを見せようと、冠雪の富士山を青色の地色に白で描いたパターンを作った。全体に前回の中間色から一転して、鮮やかな色光の組み合わせとした。多様な色光が創り出せることを強調したかったのである。

鮮やかな色光のパネルを、どう展示するかと考えた結果、思いきって大きなシャンデリア・オブジェをデザインすることにした。展示会場の二面を鏡張りとして、天井には一五〇枚のOLEDを用いたシャンデリア・オブジェである。四角の鮮やかな色光が多彩に重なり合って、これまでどこにも存在していなかった、新しいオブジェの誕生であった。四メートル×四メートルの大きなオブジェは、輝きながら二面の鏡に写り込み、狭い展示空間を何倍にも広く見せることができる。

私たちは、新しいオブジェを製作する時には、事前に組み上げて点灯チェックをしてから、再び解体して梱包することを、必ず行うことにしている。特に海外に出荷するものには、事前の入念なチェックが必要である。この時も、ＯＬＥＤのシャンデリア・オブジェは、私たちのエンジニア部門を担うライトクリエイションのスタジオで組み上げられた。シャンデリア・オブジェが組み上がって、点灯した時、

「オー！」

と一斉に声が上がった。立ち会ったスタッフたちが思わず歓声を上げた。よい出来だったのだ。

せっかくなので、住友化学の方たちにもお見せしようということになり、思いきって米倉弘昌会長にお伝えしたところ、早速私たちのスタジオにお越しになった。どこの企業でも、トップの方たちの行動は早い。

会長にお見せするのに、仮組みや照明器具のテストに使われる私たちのスタジオは殺風景である。そこで、自宅に飾っていた近江八景の屏風一双を運んで、打合せスペースのテーブルのまわりを囲み、シャンデリア・オブジェの脇には、アクリル製のミラーを立て、スタジオの中を構成した。

米倉会長は、ＯＬＥＤに輝く色鮮やかなシャンデリア・オブジェを御覧になって、大変驚かれたようである。

60色のOLEDを組み込んだ展示物を出荷前に仮組みして点検

「我が社の製品が、こんなアート作品になるとは！」

とおっしゃって、十倉雅和社長（当時。現・経団連会長）と役員の方々に、是非見にくるようにと命じられた。次の日から、十倉社長をはじめ、役員の方々が何人もスタジオに訪れて、ＯＬＥＤの評価が社内で確実なものになったようである。

シャンデリア・オブジェは、フランクフルトのライト＆ビルディングに展示され、大勢の入場者を迎えた。二色同時発光の新しい技術は賞賛の的となった。

いくつもの引き合いがあった。新しい建物の最上階に飾りたいというものや豪華船のロビーに設置したいというものもあった。しかし、具体的な商談に入ると、なかなか稔りある結果となることが難しかった。一つは価格の問題である。ＯＬＥＤは従来の光源に比べると高額であった。住友化学としても、まだ量産体制に入っていないものを売りに出すことには、ためらいがあった。光源としての保証ができにくいという状況だったのである。ライト＆ビルディングでの評価をうけて、できるだけ早く量産体制に入ることと、コストを下げて他の光源と太刀打ちできるようにすることが急務であった。

ＯＬＥＤのシャンデリア・オブジェは、会期終了後、解体されて再び日本に戻り、住友化学創立一〇〇周年の記念事業として、東京の本社ビルロビーに、特別な展示場を設けて飾られることとなった。

道半ば

次の回、二〇一六年のフランクフルト、ライト＆ビルディングでは、待望の入口そばの大きな展示スペースが確保できた。前回、次はこの場所と目ぼしを付けておいた所をゲットしたのである。

今回は、展示はできるだけシンプルなものとして、人々がエスカレーターを降りて、引き寄せられるように、真っ直ぐにこの場に入ってくるように、工夫を凝らした。二つの壁を鏡張りとして、天井には吊るされたＯＬＥＤを何列も取付けた。鮮やかな色光のＯＬＥＤは回転も加わり、鏡に映り込む効果で、大空間が出現したのである。

予想通りエスカレーターを降りた客は、吸い込まれるように入場してきた。集客という点では大成功であったが、肝心のＯＬＥＤの量産はまだなされていなかったのである。技術的には様々な困難があり、量産が叶わず、コストは下がらない。具体的な引き合いは多数あっても、稔ることがなかったのは、本当に残念であった。

この年のライト＆ビルディングでは、住友化学の他に、スタンレー電気と岩崎電気の三社の日本メーカーのブースも私がプロデュースとデザインを行った。目抜きのよい場所を確保する

人の動きによって光が変化するLED オブジェ（2016年）

ためにも、日本のメーカー三社が一緒になって出展することで、目指す場所を取ることに成功したのだ。

　スタンレー電気は、自動車のヘッドランプで培った技術を、屋外投光照明に生かそうと新しい製品を準備していた。岩崎電気は、私が日本で仕事をはじめた一九七〇年代からつき合いのある会社で、スポーツ施設などに向く、優れた照明器具を作っている。ともに日本を代表する照明器具メーカーである。三社をまとめて、各々の長所を引き出しながら展示プロデュースとデザインをすることは、私にとって楽しい仕事であった。

　二年後の二〇一八年のフランクフルト、ライト＆ビルディングでは、住友化学に代わってスタンレー電気が前面の展示場所となった。後ろの展示場所を選択した住友化学の展示は、引き続き私が展示プロデュースとデザインを行い、店舗や住宅でも使えるようなＯＬＥＤ照明器具を展示した。

　しかし、この頃にはＬＥＤが大きな勢いとなって照明の市場を席捲しつつあった。価格はどんどん安くなり、光量も大きくなってきた。初期のＬＥＤ照明には、様々な欠点があったが、それらも急速に解消していった。ＯＬＥＤは、価格の点でも光量の点でもＬＥＤに対抗できないことが、目に見えてわかってきたのである。

　住友化学は、ＯＬＥＤの開発を断念した。むしろ、量産化するための研究開発を主体とするよう、方針を転換したのである。本当に残念なことではあるが、いたし方ない。将来、ＯＬＥＤが再登場することを、私は切に望んでいるのだが……。

第六章

フランス・パリ「メゾン＆オブジェ」
インテリアのパリコレに光で参加

2013

辛口の批評

インテリアのパリコレクションと言われている「メゾン&オブジェ」という大展示会がある。フランス語で「メゾン」は「家」、「オブジェ」は「物」である。すなわち、家に関する物をすべて扱う見本市《メッセ》であるが、インテリア関係の最先端の流行をここから生み出すトレンドの発信地として、世界中から注目を集めている。一般の人々は入場できず、建築やインテリア関係の専門家、ホテルや店舗の関係者、デザイナーやコンサルタント等が事前登録による特別のパスをもらって入場する。会場はパリの近郊、シャルル・ド・ゴール空港の近くのヴィルパント大展示場で、九月と二月の年二回開催される。会期中、パリのホテルは満杯となり、タクシーのほとんどが会場近くに集まるので、渋滞も多い。

日本では残念ながらインテリア関係の雑誌は少ないが、ヨーロッパの国々では、駅のキオスクでも売られているようなインテリア関係の雑誌がたくさんある。

メゾン&オブジェには、世界中のインテリア関係のプレスが集まり、取材された記事は、その後数か月の間、ヨーロッパはもとより南北アメリカ、ロシアやアジアの国々の人々に伝えられる。

展示品は「家」と「物」が対象なので、多岐にわたっていて、家具、テキスタイル、キッチンやバス用品、雑貨からルーム・アクセサリーまでと様々である。

私と娘のリーサ明理は、二〇一二年の秋、メゾン＆オブジェを公式訪問した。この世界的に有名な大展示会の中で、照明がどう扱われているのかが気になっていたからである。

会場を案内されて一巡りしたのち、私たちは主催団体の幹部の人たちに会った。初対面の人たちに握手と簡単な自己紹介をした後、いくつもの質問があった。

「この展示会をどう思いますか？」

「照明デザイナーとしての感想を聞かせて下さい。」等々……。

私とリーサ明理は率直な意見を述べた。

「正直言って、ガッカリしました。たしかに、展示されているものは、素晴らしいものが多いのですが、光をどう扱うかという視点が全くありません。」

「光は、展示会場を構成するだけではなく、展示品を見せるためには、大変重要な要素なのに、それに気付いていないようです。」

「光の重要性を採り入れることが不可欠です。」

「照明の分野は、今とても進化しています。どうして、それを採り入れないのですか？」

私とリーサ明理は、辛口の意見を述べたてた。

日本でこんなことを主催者にズケズケと言うと、いやな顔をされて嫌われたりするが、欧米ではかならずしも、そうではない。主催者であるＳＡＦＩ（パリ市も出資する展示会運営会社）の男性幹部二人は、なるほどと頷いたように見えた。

「確かにその通りでしょう。」

部長のフレデリック・ブジャール氏がそう言った後、今度は社長のフィリップ・ブロカール氏が、私たちに尋ねた。

「おっしゃる通りです。私たちには、照明という視点がありませんでした。ところで、来年のメゾン&オブジェにお二人で参加していただけませんか？」

ＳＡＦＩからの誘いを受けて、私とリーサ明理は、二〇一三年から、メゾン&オブジェの招待デザイナーとなった。

メゾン&オブジェに出展したいというメーカーは、世界から集まってくる。お金を払えばどの会社でも出展できるというわけではなく、デザイン性や製品の質が審査され、それを通らなければ出展はできないと聞く。

出展すること自体容易ではないのに、私たちは、無償で一〇〇平方メートルという広い展示スペースを提供された。しかも、レッドカーペット（主要な動線）沿いという、願ってもない立地である。

光のエッセンス

さて、新しいクリエイションを行うには、一年間という準備期間はきわめて短い。まずテーマは？　展示タイトルは？　出品する作品は？　私たちには、たくさんの考えなければならないことが山積みであった。光の美しさ、素晴らしさ、重要さ、不思議さ——光が持っている様々な要素を、わかりやすく、魅力的に伝えなくてはならない。

私たちにとっても、大きな価値ある発表の場である。またまた、リーサ明理と私の間で、テーマ探しがはじまった。

二〇一二年は、フランクフルトで開催される世界屈指の照明と電材の大展示会、フランクフルト「ライト＆ビルディング」に、私たちは住友化学の有機ＥＬを出展するプロデュースと展示デザインを行っていた。

私はヨーロッパに出張する時には、いつもパリのリーサ明理が主宰するI.C.O.N.を拠点としている。空港から娘の所へ直行し、そこで一泊してから各地に出かけていくのだ。

フランクフルトへの出張は、いつもパリの東にあるリヨン駅から列車で向かっていた。フランクフルトのメッセへの出展も、リーサ明理に、グラフィックや映像を担当してもらっていた。パリからフランクフルトの旅の車中で、私とリーサ明理は、メゾン＆オブジェのテーマを話し合った。メゾンへのはじめての参加なので、私たちは意気軒昂である。日本の光関連技術の粋を集めて、デザインをしようと意気込んでいたのである。

メゾンの事務局からは、街中で売っているようなものは絶対に展示しないでほしいと、強く念を押されていた。メゾンのコンセプトは、あくまでもハイ・エンド。ピラミッドの頂点にあるものだけを展示してほしいという要求である。まして、招待デザイナーとして、はじめてデビューする私たちには、注目度が高まる。

「ライト・エッセンシャルズ——LIGHT ESSENTIALS はどうかしら。」とリーサ明理。

「日本の光技術のいろんなものを見せるという内容にはピッタリね。」と私。これで、テーマは決まった。

次は、中味である。

デザインして展示したいものは、たくさんある。しかし、デザインをして現物をつくるには、メーカーの協力がいる。これまで協力していただいたメーカーや、これから一緒にモノ作りができそうなメーカーにあたりをつけて、一つずつ、実現に近づけていかなくてはならない。

約半年にわたる活動の結果、様々な「光のエッセンス」が実現した。地球上の様々な場所の光を表現する、ＬＥＤとガラスを組み合わせたシャンデリア。光と影が様々な組み合わせで投光されるオブジェ。太陽光発電パネルを組み込んだ、屋外用のテーブルとベンチ。ゆらめく炎の映像がインサートされた雲のような形の壁掛け。２《トゥ》イン１《ワン》（二種類のＬＥＤを一体化した光素子）を用いてゆっくりとカラー変化する小オブジェ。導光効果を使った半透明のスクリーン……。通路との境界には、昆虫の羽からヒントを得て作られた玉虫色の半透明の布が吊り下げられた。会場には、天井から大きなバナーが吊られ、そこには「LIGHT ESSENTIALS by

MOTOKO ISHII & AKARI LISA ISHII」と、私たち二人の名前も大きく書かれていた。

各国から大勢のプレスが、私たちのブースを訪れてくれた。フランスのテレビ局のインタビューもあり、これにはリーサ明理が熱弁をふるった。朱色のワンピースに身を包み、ストレートのロングの黒髪のリーサ明理はテレビ映えがよく、私は大満足であった。

会期中に記念レセプションを開催し、ＳＡＦＩの幹部や担当者、日本大使館からは公使をお招きし、日本側の協力会社の人々とともに盛り上がった。プレスの反応も良好であった。ただ、会期終了後、主催者のＳＡＦＩ側から問題が提起された。

「素晴らしい展示でした。是非、次回もあなた方を御招待したい。ただし、日本のものだけではなく、ヨーロッパのメーカーも参加するような構成にしてもらえますか？」

ＳＡＦＩの社長のフィリップ・ブロカール氏から、こう告げられて、私たちも反省した。たしかに、日本のメーカーのみによる展示は、メゾンの招待デザイナーとしては、なじまなかったのかもしれない。次回は、ヨーロッパのメーカーの先端的で優れた新しい製品を選んで、展示することにしようと考えた。

光のトレンドがわかる

二〇一四年からは、テーマも変えた。そのものズバリ、「ライト・トレンド」である。ここ

期間中に行われるトークショーでの筆者とリーサ明理

を訪れれば、その年の「光のトレンドがわかる」という展示にきりかえていった。

日本からは、スタンレー電気（ＬＥＤ投光器）、住友化学（有機ＥＬ）、パナソニック（映像機器）、オカムラ（家具）の常連の協力会社に、のちにエアウィーヴ（マットレス）が加わった。ヨーロッパからは、アルテミデ、イグジーニ、エルコといったヨーロッパを代表する有名照明メーカーの常連に加えて、ＫＫＤＣ、ＴＡＬといった新進のユニークな照明の会社も参加してくれた。

二〇一三年からはじまって、今日に至るまで、私たちは毎年九月のメゾン＆オブジェには招待デザイナーとして、出展を続けている。二〇一三年の初回は、MOTOKO ISHII & AKARI LISA ISHII であったが、次年からは AKARI LISA ISHII を筆頭とした。彼女は毎回会期中に開かれるフォーラムに出演したり、プレスの取材に応じたりと、主役になっていったのである。

ＳＡＦＩの人たちによると、デザインの世界で「母と娘」のデュオ（二人組）というのは、きわめて珍しいという。そこを大きく打ち出してほしいという要望を受けて、ライト・トレンドで毎年作成しているフライヤーやホームページ、ティザービデオ（広報用動画）等には、リーサ明理と私の二人の写真を大きく載せることにしている。私たち親子は、ケンカをしたことがない。互いに意見を言い合い、時には辛口の批評も交えるが、対立したり反対したりすることはなく、互いに尊重し合っている。

メゾン＆オブジェに参加して、学んだことや気付いたことはたくさんある。

まず女性スタッフの働き方が、素晴らしいことに目を見張った。ＳＡＦＩは、社長、部長は男性だが、その下はほとんど女性のスタッフで、実務の大半は彼女たちが担っている。三〇〜四〇代の女性たちは、みなそれぞれ個性的で美しく、お洒落である。ほとんどの人が結婚して子供を持っている。パリでは二〇代後半になると、パートナーと暮らしている人が多い。将来を考えてアパルトマンを購入したりと、暮らしぶりは堅実である。しかし二〇代のスタッフは、入れ替わりが激しい。展示業界に入ってみるものの、仕事の厳しさ、会期前の多忙さに音《ね》をあげて、一年でやめてしまうケースも多々ある。私の見たところ、パリの女性は、仕事熱心である。プロ意識も高い。リーサ明理は、彼女たちとすぐに打ちとけて、よいチームワークの中で、仕事を進めることに成功した。

メゾン＆オブジェの運営は、スマートで華やかである。大きな展示館が連なるヴィルパント大展示場のほぼ中央にあるのがＶＩＰラウンジで、念入りにデザインされたその年ならではのトレンディーなインテリア空間で、飲み物や軽食がサーブされる。特にシャンパンは、毎年違う銘柄のメゾンがスポンサーになって提供するので、シャンパン好きの私にとっては、ここで休息することは、楽しみの一つである。レセプションデスクには、気配りのよいコンシェルジュのベテラン男性が数人いて、車の手配から伝言まで、すべてをスムースに扱ってくれるのも心強い。私たちのブースのフライヤーも特別にここで飾られている。メゾン＆オブジェのＶＩＰラウンジのようなものは、ヨーロッパの他の展示会にはないので、メゾン独自のものであろう。日本の展示会も、是非参考にしてほしいものだと思っている。

二〇一四年から「ライト・トレンド」と銘打った出展も、二〇一五年から、その年ごとのサブ・テーマを加えることにした。その方が、より明確に展示の方向性を打ち出すことができると考えたためである。

二〇一五年は、「LIGHT & HAPPINESS」。光によって、より幸せ感を高められる演出を考えた。

二〇一六年は、「WHAT'S LIGHTING DESIGN?」。メゾン＆オブジェを訪れるプレスや専門家の人たちに「照明デザイン」とは何かを、理解してもらうための展示が必要であると思ったためである。

二〇一七年は、「INVISIBLE…」ちょっと哲学的なサブ・タイトルとなったが、見えない光とは？　という謎めいた問いかけである。

二〇一八年は、「LOG OUT!」。ＩＴの進歩によって、仕事の環境が大きく変化したところで、光によって様々なものから、脱け出したり、違う世界に入っていったりすることができるということをテーマとした。

二〇一九年は、「IN PROGRESS;)」。進化した最も新しい光を中心に展示した。

二〇二〇年は、コロナ禍の蔓延のためメゾン＆オブジェは中止となった。世界中が、コロナ禍にあえいでいた時期であった。

再開した二〇二一年のテーマは「beyond」。サブ・テーマは全く新しい展開となった。光が担うべき役割が、新しい局面を迎えたのである。テーマもわかりやすいように、具体的に挙げていった。その方が来場者に理解しやすいと考えたためである。

「HIGH-GIENE」―ハイ・ジーン（高度に衛生的）

「HIGH-BRID」―ハイ・ブリッド（高度に融合的）

「HIGH-LIGHT」―ハイ・ライト（高度に光輝く）

「HIGH-TECH」―ハイ・テック（高度に技術的）

「HIGH-TOUCH」―ハイ・タッチ（高度に触感的）

光の領域の中にある深紫外線によるコロナウィルスの不活性化が、新しい役割として、大きくクローズアップされた。光は時代とともにあるということを、痛感した年でもあった。光は時代によってニーズも変わる。コロナの時代には、それを強く感じた。

二〇二二年は、「funda・mental」。光の基礎に立ち戻って、光をもう一度学びなおそうという主旨である。

メゾン&オブジェでは、毎年その年のテーマを発表しているが、二〇二二年のテーマは「META SENSIBLE」。色彩や形状、手触りや素材感といった実体と、デジタルでバーチャルな仮想世界が、対立することではなく、互いに融合しながら新しいクリエイションを行うという、この時代ならではのテーマである。

2019年は「IN PROGRESS;)」と題して展示を行った

コロナ禍にある2021年、私たちの暮らしが光とともにあることを
アピールした

私たちは、このテーマを考えながら、新しいクリエイションを発表した。会場に配した五体のソーラーアテンダント・ミザリMIXALI（ⓂOTOKO　ⒾSHII　×　ⒶKARI　ⓁISA　ⒾSHII）である。

私と同じ身長――一六〇センチ。ソーラーフィルムでできたメタリックなドレスを身につけ、そこで発電する電気を使ったタブレットを頭とし、フレキシパイプの右手は握手用、左手の掌にはスマートフォンを載せて充電ができる。タブレットには、会場ではリーサ明理のアバターが映し出され、各コーナーの説明を行う。

東京で開催した記者発表会では、私のアバターが、みなさんにご挨拶した。ブルーの髪に私と同型のメガネをかけたアバターは、愛嬌をふりまき、可愛らしく挨拶をして、私は大満足であった。

さて、来年は何を作ろうか？　今からワクワクしている。

第七章

日本スイス国交樹立一五〇周年記念イベント

スイス・ベルン　TRAN JS

苦戦した連邦議事堂前広場

2014

デザインセンス・知的センスの高いスイスで

二〇一三年五月一一日、私は一通のメールを受け取った。

「初めてお便り差し上げます。」

という書き出しのこのメールは、在スイス日本大使館の小笠原光紀氏からのものであった。二〇一四年は日本とスイスの国交樹立一五〇年に当たり、日本紹介の事業を行いたい。二〇一一年の日独周年事業でベルリン・ブランデンブルク門で光イベントを行ったと聞き、是非スイスでもお願いしたい。という主旨のものであった。間もなく、同様のメールを在ベルギーの日本大使館からもいただいた。ベルギーでは、一九八九年にヨーロッパで最も美しいといわれるブリュッセルのグラン・プラス広場で私たちはレーザー光線を主とした大規模なイベントを行ったことがある。

日本がヨーロッパの国々と国交を結んだ一八五八年頃から数えて、二〇一〇年代はいくつもの国が国交樹立一五〇年となるのだ。

早速、パリの石井リーサ明理と話をした。当時はスカイプなどのオンライン会議はなかったので、もっぱら電話による連絡である。電話代を節約するために、〝コールバック〟というシステムを使っていた。都内の番号に電話をして、そこから海外につないでもらうというやり方である。

ベルギーのイベントに、当時学生だったリーサ明理は参加していない。でも彼女はやるならベルギーではなく、スイスだと言う。私も同感だった。何と言っても、はじめてのところで行ってみたいという気持ちは強い。

「スイスで光イベントを行おう。」という結論に達した。

しかし、考えてみると、ベルリンやパリと違って、私たちにはあまり馴染みがない所である。私とスイスとの接点は、その昔、二〇代中頃の修業時代にフィンランドとドイツで暮らした後、帰国の途中でツェルマットに寄ったことと、二〇〇五年に名古屋近郊で開催される「愛・地球博」の会場照明プロデューサーとして、二〇〇二年にスイス博を視察したことである。

その時の印象が強烈に甦った。私はこれまでいくつもの博覧会の照明を担当しており、他国の博覧会にも足を運んだが、スイス博は別格とも言えるほど、高い水準のものであった。会場はレマン湖のほとりに分散しており、加えて湖上を行きかう船も会場の一つになっているというユニークなものだった。展示館の一つ一つの展示が、デザイン的に優れているだけではなく、テーマが秀逸だった。スイスの展示館は二つあって、一つは「お金」。お金とは何かを歴史的に説明し、何とお札の印刷機も展示されていた。もう一つは、「薬」。スイスには優れた製薬会社がいくつもあるが、薬について詳細な説明と展示がされていたのである。

スイスでは、一人の人が一生に一度、必ず巡り合うようにと、二五年に一回、大きな博覧会が開催されており、どんな遠方の山奥からでも、交通費が国から支給されて見学に来られる仕組みとなっているという。まさに全国民の教育が目的なのだ。どうりで会場には、熱心に展示品やパネルの説明を見ている人が多い。リュックを背負い、登山靴をはいた山男のような人たちの姿も見かけた。

夜の照明も素晴らしかった。派手さはないが、その時点での最先端の光を用いていた。なかでも湖畔の水上に建つ小さなパビリオンは、周りを太陽光発電とＬＥＤを用いた半透明の細いパイプで囲まれていて、まるで光の葦の中に立つかのようだった。

こんなにデザインと知的センスの高い国で、どんな光イベントをしたらよいのだろうか？　そのためにまず、スイスの歴史を学ぶことからはじめた。数冊の本を選んで読んでみると、資源の乏しいスイスは、傭兵として戦い、血を流すことによって国の基礎を築き上げたという。その歴史は、限りなく痛ましい。

日本とスイスとの最初の出合いは、一八七一年（明治六年）から一八七三年（明治八年）に岩倉具視を団長とした欧米各国訪問である。その記録『特命全権大使 米欧回覧実記』によると、スイスは小国ながら教育制度が発達していることに感心し、一八七三年六月に訪れたベルンでは、アーレ川の水力発電設備を視察している。

岩倉使節団は欧州諸国を巡って、その繁栄を見聞きするにつけ、資源の乏しい日本の前途に思い悩んでいた時に、スイスの渓谷の水力発電設備を見て、このような施設なら日本にも作れると一安心したようである。

私たちも、まずスイスに行ってみようと、リーサ明理とともに、二〇一三年七月にベルンを訪れた。スイスの首都であるベルン市は、人口一三万人強、連邦議事堂が置かれている都市である。深く彫り込まれて蛇行するアーレ川の中に、半島状に突き出た台地に旧市街があり、古い時計塔が有名だ。

私はいつものように、東京からパリへと直行し、パリのリーサ明理の所で一泊した後、二人でベルンに向かった。ヨーロッパ内の旅行は、何と言っても列車が便利である。パリからバーゼルまでは直行で約四時間。列車はゆったりとしていて座席も大きく、仕事の打合せやデザインのスケッチなど、充分にできる。

バーゼルで小さな車輛に乗り換えて、一時間ほどで目指すベルンに到着した。半島のような台地から長い吊り橋を渡った新しい街区のホテルに投宿して間もなく、日本大使館から二階堂幸弘公使と小笠原光紀参事官が、お越しになった。お二人とは、はじめての顔合わせだった。

夕食の御招待を受けて、私たちはホテルの前の吊り橋を渡った。アーレ川の深い渓谷に架けられた長い吊橋で、下を見ると目がくらむ。高さ一〇〇メートルはあるだろう。敵の攻撃を防ぐには、絶好の地であったに違いない。

翌日、市内を案内していただいた。旧市街の時計塔、連邦議事堂、議事堂前の広場を見た後に渓谷を下っていくと、小さな発電所が見えた。川は水量が豊かで流れも速い。これぞ、岩倉視節団が見学して感心した発電設備のその後の姿である。

スイスには、たくさんの水力発電所があるという。そう言えば、三〇年ほど前に訪れたことがあるスイスの照明メーカーの工場が、構内を流れる小川で発電していたのを思い出した。電気の地産地消（その場で発電した電気を使う）を古くから行っていることに感心したものである。

スイスの大都市と言えば、ジュネーブとバーゼルである。ジュネーブの光のイベントに参加したことがあるリーサ明理は、国際機関が多いジュネーブはスイスらしくないと言い、バーゼルを展示会などで何回か訪れたことがある私は、バーゼルはドイツの街のようだと言い、スイスでの光イベントは、首都ベルンで行いたいという気分になってきた。古い街並や建物が多く残るベルンこそ、スイスらしいと感じていたからである。

スイスの民主主義は、国民全体が直接参加することで有名である。女性の参政権もいち早く実現している。そんなスイスを象徴する場所として、古典的なスタイルの立派な建築である連邦議事堂で行いたいと思った。

聞くところによると、毎年一二月にはこの建物とその前の広場でイベントが行われているという。小都市だが各国の大使館が集まっているので、各国のプレスも同様であろう。いつも課題となる許可関係も取りやすそうだと考えた。

連邦議事堂は、幅約六五メートル。一九〇二年に建てられた古典様式の堂々とした石造りの建物で、三階の建物の上に大きなドームが載っている。その手前には六〇メートル×三五メートルの石畳みの広場があり、周囲を一〇メートル幅の道路が取り囲んでいる。ここなら、石造りのグレーの三階建ての壁面に広場からプロジェクションで画像を映写すれば、効果的であろう。広場に照明用のタワーを二基立てれば、大勢の観客に集まってもらえると、概略のプランを立てた。

様々な議論を繰り返した結果、テーマは「ＴＲＡＮ　ＪＳ」と決まった。日本とスイスのこれまでの交流の歴史を、プロジェクションで見せようと思ったのだ。ＴＲＡＮは、英語で「〇〇を超えて」という、時空を超える意味がある接頭語だ。それにＪ（ＪＡＰＡＮ）とＳ（ＳＷＩＳＳ）を組み合せる。声に出して発音すると響きも良い。

新たな試み

場所もテーマも決まり、開催は二〇一四年の秋というところまで漕ぎ付けた時、年が明けてから問題が発生した。連邦議事堂の事務局から待ったがかかったのである。一二月に行われる連邦議事堂の壁面のプロジェクションは、スイスの歴史絵巻といった内容を、壁一面を大きな画面として、映像で見せるというもので、これは自国の歴史を大勢の人に見せる、いわば教育的意味合いのものであり、連邦議事堂の外観を私たちが提案するような外国のイベントに使うのは、前例がないという。日本とスイスの友好記念事業だと説明しても、これを許すと他の国から申し出があった時に断れないとのことである。

こういう時には、おとなしく引き下がるしかない。開催まで一年を切る時期なので、すぐに、他の場所を見つけて、手を打たなくてはならないと、私たちは気持ちがあせった。ベルンで他の場所を探す……。やっぱり連邦議事堂前の広場しかない！　と私たちは思った。

テーマである「ＴＲＡＮ　ＪＳ」を、どうやったら広場で実現できるだろうか？

前年の一二月に、フランスのパリに次ぐ大都市、リヨンで恒例の光のフェスティバルが開かれていた。一九八〇年代からはじまったこのイベントは、リヨンが市を挙げて行う大催事で、一二月の初旬に三日間にわたって繰り広げられる光の祭典である。かつてペストの感染収束を祝って、マリア様にキャンドルの灯を捧げたという言い伝えに因んで行われるこのイベントには、何と三〇〇万人が訪れるという。数々の光の作品が、街の中の広場、公園、川畔や大通りから住宅地にまで拡がる世界屈指の光のイベントであり、光を扱うアーティストや照明デザイナーの登竜門としても知られている。

リーサ明理はこのイベントに何回も招待出展をしていて、リヨン市の人たちとも親しい。

「今年の新人の中に、面白いグループがあるの。その人たちとコラボするのはどうかしら？」

リーサ明理の報告を聞いて、私も興味を持った。若い二〇代前半の男性グループで、人感センサー（人の動きを感知するセンサー）と照明を組み合せて作品を創っているという。広場に二つタワーを組み上げ、上層部から床へとプロジェクションで、大きな円型の照射面ができる。そこに人が入ると、人感センサーが作動して映像が変化するというのはどうだろう。

　概案が決まったところで、リーサ明理がリヨンに住む彼等を訪ねた。郊外のガレージのような仕事場で作業をしているアントワーヌ・ヴァネルとバンジャマン・プティの二人組で、グループ名を「ビームアート」という。真面目で私たちとのコラボレーションを熱望しているという報告をリーサ明理から聞いて、人感センサーと光の連動を彼等に手伝ってもらうことにした。

　ベルンの連邦議事堂は、一九〇二年に建設された石造りの立派な建物である。その手前にある広場は、大きくて平らな石畳みで敷きつめられた、風格のある空間である。

　ここで何を表現しようか？　私とリーサ明理は、ディスカッションを重ねた。パリからベルンへ行く列車の旅は、アイディアを練るには格好の場である。パリのリヨン駅を出てから、一旦ベルギーに入り、その後ドイツに入る。途中からライン川に沿って走る景勝地を抜けて、バーゼルまでの約四時間近くである。バーゼルからベルンは、小一時間の電車となる。

　中心になる広場へのプロジェクションだけでは物足りないので、何か私たちのイベントに新しいことを加えたいという思いがあった。検討の結果、ベルンの人たちに興味を持ってもらえそうなテーマの展示も行おうという案がまとまった。

　広場の中央の床面に大きくプロジェクションを行うには、二本の大きなタワーを建てなくてはならない。ならば、そのまわりに小さな展示テントを建てて、夜は中からライトアップしよう。

結果、広場の中央に描かれる直径二〇メートルのプロジェクションの左右に、高さ一〇メートルのタワーが二本、タワーのまわりには、二・五メートルの高さの小テントを各々五〜六基ずつ設置する案になった。

展示の内容は、スイスの人たちが興味を持っている「鉄道」、そして「時計」、加えて「新しい町づくり」といったところで、それらにまつわる日本の今を見せたいと思った。

連邦議事堂の許可は下りなかったが、広場の使用は市が許可してくれた。開催は二〇一四年の一〇月五日から二日間と決まった。

協賛企業を募る

次にいつものことながら、イベントの費用をどう集めるかという難題が待っている。協賛をお願いする企業には、スイスと関係が深いところを探して、このイベントに興味を持っていただき、参加することのメリットを感じてもらわなければならない。

スイスには時計の生産国としての歴史がある。日本も今や優れた時計の生産国である。スイスの人たちが日本製の時計をどう見ているのかを心配したが、スイスは高級時計を、日本は一般的な時計を生産するという住み分けができているという。一安心して新しい技術で邁進するシチズン時計に協賛をお願いした。

スイスの人々は、鉄道が好きだということも、ベルン滞在中に耳にした。険しい山々が連なるスイスでは、人の移動は鉄道が主という。鉄道は環境にも優しい。日本の新幹線、特に将来の実現に期待が高い超電導リニアをスイスの人たちに知ってもらいたいと思った私は、東海旅客鉄道（ＪＲ東海）の葛西敬之会長にお願いしてみた。葛西会長には、これまで横浜市で開催された日本の伝統芸能と光を組み合わせた光イベントに協賛していただいていた。

「スイスの人たちに、日本の新幹線、特に超電導リニアを見てもらいたいのです。開催地のベルンには、世界各国の大使館があります。ベルンで展示すれば世界各国の人たちにも見てもらうことができます。」

葛西会長のお声掛けでＪＲ東海からの協賛が決まった。

先の周年事業イベント――パリ、ベルリンで機材を協力していただいた、パナソニックには、今回もプロジェクターと、展示用のモニターを数台、貸していただくことをお願いした。度重なる借用のお願いに応じて下さった御礼に、今回はパナソニック用に展示テントを設けた。パナソニックは、当時湘南の藤沢にスマートシティを建設中だった。中村邦夫会長は、スマートシティの展示を快諾して下さった。

結局、広場の二基の照明用タワーのまわりに六基の展示用テント二組を建てることにした。テント内の展示となると、別のグループの協力がいる。フランクフルトで隔年に開催される世界最大規模の照明と電材の大展示会《メッセ》「ライト＆ビルディング」で、私はこれまで日本の展示プロデュースを何回も行ったことがあり、この展示の施工を担当している会社に設営を依頼した。東京の小規模の会社だが、ドイツ語圏の仕事に慣れている優秀なスタッフがいる。この時も日本人とドイツ人のスタッフ二名が担当してくれた。

合計一二基のテントの中には、ＪＲ東海の東海道新幹線と超電導リニアの映像と模型、パナソニックのスマートシティの映像と全体模型、シチズンの最新の腕時計は透明の球体の中に入れて飾られる。そんな展示内容を美しくわかりやすく見せるためのデザインが進められた。

数々の障壁を越えて

すべて順調に進んでいるように見えたが、六月になって、思いがけない知らせが大使館から届いた。何と予定されていた一〇月五日は、同じ広場でミス・コンテストが開催されることを市長が取り決めたという。こちらはすでに市の許可を得ているし、今は六月の半ば、開催まで四か月を切っている。外務省の広報誌にも載っているし、いまさら中止するわけにはいかない。

「ベルン市の市長のアポイントを大使館から取っていただけませんか？　すぐにベルンに伺います」

こういう時には、直談判するしかない。私と娘は市長に会って話せば、何とかなるかもしれないと考えた。何とかなるというよりも、何とかしてもらわなければならない！
市長のアポイントは、なかなか貰えず、やっと取れたのは、七月三日の朝八時という。当時、私は日本でいくつもの大きなプロジェクトを抱えていた。とは言っても、スイス行きは急務である。約束の前日の飛行機で東京からパリに飛んだ。同日の夕方パリに着き、空港から荷物を一旦市内のリーサ明理の家に置いて一息ついてから、娘と二人でリヨン駅に向かった。パリのリヨン駅はフランス東部に向かう列車の出発駅である。夜の一一時近くにスイスのバーゼル駅に着くと、ベルンまで行く列車はすでになく、駅前からタクシーを拾った。スイスの夜は早く、道路を行きかう車はほとんどない。道路照明はごく少なく、夜道は真暗である。ベルンに到着したのは深夜だった。東京を出てから三〇時間近く、長い一日だった。

翌朝八時前に、市役所を訪れた。日本大使館からは前田隆平大使が同行して下さった。前田大使は国交省出身の国際派で、英語が堪能な方である。

スイスは朝が早い。オフィスは八時からはじまるのが普通というが、市役所の正門はまだ閉じられていて、前田大使と私とリーサ明理の三人は市役所のスタッフの案内で通用口から入った。小さな門の脇には、自転車が一台停めてあった。

「これは市長の乗り物です。市長は朝夕自転車で通勤されるのですよ。」

案内の女性スタッフから聞いて、私は市長に多少好意を持った。約束を反故にされて怒っていた気持ちが多少ほぐれた。市役所は見晴らしのよい場所に建てられていた。かつては城館だったような建物の広い廊下の先にある市長室は、遥か遠くまで見渡せる大きな窓のある広い部屋だった。約束された時間は八時から三〇分と聞いている。紹介された市長のアレキサンダー・チェペット氏は渋い顔付きで、私たちは歓迎されていない客と見て取れた。ミス・コンテストの日程は死守されそうな雰囲気である。

まず前田大使が来訪の主旨を話された。続いて私がイベントの概要を話し、次にリーサ明理が詳しい説明に入った。会話は英語で行われた。日本とスイスの交流イベントの大切さと、私たちのイベントのテーマと内容がいかに大切かを、リーサ明理は熱心に説明した。そして最後にこの秋に是非連邦議事堂前の広場を使わせてほしいと結んだ。

市長室には年代物の立派な柱時計が置かれていた。高さ一・五メートルほどもある大型の時計である。あまりに素晴らしい品だったので、私も娘もその時計に見入ってしまった。どうも、これで市長の気持ちが溶けはじめたらしい。

「市庁舎の中には、いくつもの大きな時計がありますよ。お見せしましょう。」

市長はそう言って、いくつもの柱時計が並ぶ場所を案内してくれた。どれも時代ものの素晴らしい時計であった。私たちは目を見張り、感動して見入った。三〇分という約束はとうに過ぎていた。案内が終わった後、市長は私たちに言った。

「九月の後半に広場を使える日があります。日本のイベントは、その頃に開催するのは如何ですか？」

これで今年の秋の開催はＯＫとなった。九月後半なら申し分ない。私たちは胸をなで下ろした。その後、市のスタッフの方たちとの打合せで、開催日は九月二八日、二九日の二日間と決定した。

幸いなことにポスターやフライヤーの印刷は、ぎりぎりまで延ばしていた。日程が新しくなったことを東京に知らせて、すぐに印刷の手配を進めさせた。

私たちはイベントの実施には、いつもその国のチームと組むことにしているが、今回は検討の末、ジュネーブのイベント会社スカイナイトのチームと組むことを決めた。リヨンの若いエンジニアたちは英語が苦手だったので、イベントはフランス語圏の会社と行うのが、間違いがないと判断したからである。

スイスでは、バーゼルではドイツ語を、ジュネーブではフランス語を、イタリア国境の近くではイタリア語を話すので、これら三か国語が共用語となっている。英語は観光業の人たちの間では伝わるが、一般的には三か国語のどれかが地域によって使われている。

ジュネーブはフランス語圏だが、今回依頼したスカイナイト社のイベントスタッフは、みなフランス人でジュネーブに近いフランス国境近くに住んでいて、仕事で毎日ジュネーブに通っているという。

さて、明後日から設営がはじまるという日の朝になって、また問題が発生した。何とイタリアのジェノバ港で展示品を荷下ろしするはずの船が停泊できず、ポルトガルに向かったという。

展示品の大型のものは、今回船便を使っていた。ポルトガルの港には、多分明日着くという。イタリアのジェノバとスイス国境は近い。ポルトガルとなると、荷物はスペインとフランスを通って、スイスに到着することになる。何とかイベントの前日までに到着してもらいたいのだが、ポルトガルではどうすることもできない。最悪、手もとにあるものをやりくりして展示しようと決めて気持ちを落ちつけた。結局、船便の荷物は、何とか設営日の夕方に到着した。やれやれである。

イベント二日前の夜、日本大使館ではイベントの説明会も兼ねたパーティーが盛大に開催された。首都のベルンには各国の大使館が置かれている。この日のパーティーには各国の大使が招かれていた。今では私たちのイベントに好意的なベルン市長も機嫌よく出席されていた。

パーティーの席上、ＪＲ東海、パナソニック、シチズンの協賛各社のプレゼンテーションもあり、市長にはシチズンから最新の腕時計が贈られた。マルチな機能を持つこの腕時計は、登山の際、自分がいる地点の高度を表示できるという。早速シチズンの時計を腕にはめて満足そうなお顔の市長を見て、この方は登山もお好きなのだろうと思った。

着席でのパーティーでは、幕の内弁当が用意された。刺身、てんぷらと盛り付けられたお弁当に、ゲストは満足そうだった。

さて、いよいよイベント前日の朝となった。ベルン市内では日中の大型トラックの進入が禁止されているので、イベントで使われるものはすべて早朝の搬入となる。朝早くからはじまっ

連邦議事堂前の広場には協賛各社の展示用テントを設置

JR 東海の展示は現地の子供たちに大人気だった

て、八時前には、すべての機材は広場に運び込まれた。

まず、広場に二基の照明タワーが建てられた。八メートルの高さで、二基の間は三〇メートルあけてある。この中の石畳みに直径二〇メートルの映像を投映するのである。タワーの下段には、水を入れた巨大なポリタンクが置かれた。ベルリンのイベントの時と同様に、最上段に置かれた大型プロジェクターが動かないようにするためのウエイトである。

イントレ（機材を設置する足場）の最高部に、会場の全体を撮影するためのカメラが二台取り付けられた。その下の段には大型プロジェクターが、そしてその下の段には会場風景を撮影するカメラ二台が設置された。上部の二台のカメラは会場全体を、タワー中段の二台のカメラは、イベントを楽しむ観客の姿を、タワー中段のスクリーンに映し出すためのものである。

今回の光イベントは、観客が参加できるインタラクティブなものである。観客は広場の石畳みに映し出される大型映像をまわりから見るだけではなく、なかに入り込むことができるのだ。人が入ると周辺に立てた人感センサーが感知して、映像に変化が起きる。その様子を撮影した映像が、タワー中段のスクリーンに映し出される。観客は、イベントに参加することと、参加した自分を見るという、二つを楽しむことができるのだ。

設営は順調に進み、公開リハーサルと銘打った前夜の点灯確認とプログラムの進行も無事に終わった。人感センサーの調子も上々である。

私たちは、広場のすぐ近くのホテルに宿泊した。スイスは夜が早く、人通りも少ない。首都ベルンも、夜になると人影はまばらとなり、店も閉じる。深夜まで営業している店は全くない。夜遅くまで仕事をするスタッフの人たちのために、私たちはホテルの部屋を一つ、集会場に借りていた。仕事を終えたスタッフが次々と集まってくる。ジュネーブのイベント運営スタッフはみな二〇代の若い男性である。私たちはスタッフの夜食がわりに、日本からコンビニのスナックを大量に持ち込んだ。インスタントラーメンや、各種の袋菓子である。ジュネーブのチームの若者たちに、日本のコンビニ食品は大いに受けた。どれも美味しいという。そのうち、人気投票まではじまる喜びようで、私たちも嬉しくなった。

ベルン市民の四人に一人が体験

九月二八日、いよいよ本番である。天気は薄曇り。想像していたスイスの秋よりも暖かく、夜のイベントにもちょうどよい気候である。

昼間、展示テントには予想通り大勢の観客が集まった。スイスの人たちは真面目で勉強好きである。インフォメーションテントは、白と赤の両国の国旗の色をモチーフとしてデザインした。東海道新幹線と超電導リニアは、鉄道好きの人たちの注目を集めた。スマートシティの展示も好評であったし、シチズンのハイテク腕時計も興味の的であった。子供たちが参加できるテントも賑わった。

夕暮れになると、広場にはちらほらと人が集まり出してきた。パリやベルリンのような大都会ではないので、大勢の人だかりというわけではない。直径二〇メートルの円形の外には、集まる人で映像がさまたげられないように大まかな柵が立てられている。とっぷりと日が暮れる頃には、ほどよい人数の観客が、柵を囲むように集まっていた。

一九時四〇分、点灯式のスタートである。主催者を代表して、前田大使のスピーチがあり、続いてスイス側を代表して、ベルン市長アレクサンダー・チェペット氏のスピーチがあった。

カウントダウンの掛け声は、ここでも英語で行われた。

「スイッチ・オン！」

の掛け声。でも点灯しない！

「どうなってるの！」

私は無言で叫んだ。一、二、三、四、五秒——五秒の遅れで、音楽が鳴り響き、光が灯り、大型プロジェクターから照射された光が、中央の床面に大きな地球を描き出した。後で聞くところによると、オペレーターが緊張のあまり、スイッチ・ボタンを長押ししてしまい、五秒の遅れが出てしまったという。プロでもたまには、こういうことがあるのだ。地球の右側には日本、左側にはスイスの国旗が映し出され、いよいよ大型インタラクティブ・プロジェクションのはじまりである。地球の左上から人が出てきた。スイス側のスタッフの一人である。その人の足もとには、直径一・五メートルの大きな時計の文字盤がある。誘われるように周囲から四人が現れた。各人の足もとにも時計がある。よく見ると針は動いていて、地球上のその位置の時刻を示している。足もとの時計と一緒に人も動く。

地球から大きな時計の文字盤に変化し、針の動きがしだいに早くなる。様々な時計が登場した後、大きな文字盤が、九谷焼きの巨大な絵皿に変わる。なかにはたくさんの金魚が泳いでいて、歩いている人が追いかけると、金魚は逃げていく。

次に登場するのは葛飾北斎の版画「凱風快晴（赤富士）」である。その上を人が歩くと雲が現れるしかけだ。同じく北斎の「神奈川沖浪裏」では、人の足もとに水紋が現れる。一連の版画作品とのコラボの後には、お面が現れる。女面が男面に変わるのも人の動きと連動している。

最後のシーンは、時に関係する日本のことわざが人の後を追ってくねくねと続いて現れる。「時は金なり」「一刻千金」「四六時中」といった言葉である。その文字がエンディング・ロールとなって、広場にはスイス国旗の十字と日本国旗の赤い丸が映し出されて終わりとなる。合計一五分のプログラムである。

二回目からは、観客が次々と円の中に入ってきた。八人以上になると、画像が見えにくくなるので、中央の柵では人数制限をしている。

三回目には、私も円の中に入って、みなと一緒に金魚を追いかけたり、雲に乗ったり、水紋をつくったりと、インタラクティブな光を体験した。これらの演出ができたのも、リヨンの若手グループ、ビームアートの人たちとのコラボの成果である。

このインタラクティブなイベントの実現には、リーサ明理とリヨンのビームアートの両名の力が大きい。本番の中頃からリーサ明理は動画の撮影スタッフと一緒に、広場に面したビルの最上階から、一部始終を見下ろしていたという。

「特等席からの眺めは、素晴らしかったわ。」

とリーサ明理は満足そうであった。

二日目には、もっと大勢の人たちが集まってきた。円の中に入りたがる人も増えてきた。光を浴びて走る子供たちや、音楽に合わせて踊る人もいた。

最終回では、さすがに見物の人たちは少なくなり、映像の円の中に入るのは関係者だけとなった。前田大使夫人は、白い和服に連邦議事堂をあしらった帯というまさにこのイベントにふさわしいお召し物で登場された。これまで尽力していただいた大使館のスタッフの方々の姿も見えた。

二日にわたるイベントは、成功裡に終わった。何とベルン市の住民の四人に一人は、このイベントを見にきてくれたことが、後でわかった。

テントに飾られた展示品は、翌日撤去されて、ベルン市にある日本文化センターに展示されることになった。田舎家風の可愛らしい展示館の一室に、当時の展示品が今も置かれていることだろう。

第八章

日伊国交一五〇周年記念イベント
イタリア・ローマ　コロッセオ・光のメッセージ
あわや中止?! の波乱万丈

2016

世界的なランドマークで

「二〇一六年はイタリア年」という情報が私の耳に入ってきた。長年の知人である安藤裕康さんからである。安藤さんにはイタリア大使でいらした二〇〇九年に“JAPANITALY”という、大変楽しいイベントに誘っていただいた。

“JAPANITALY”は、ローマの中心部を流れるテヴェレ川の中洲、ティベリーナ島で開催された日伊交流イベントで、私と娘のリーサ明理は、安藤裕康大使のお招きを受けて、ティベリーナ島に架かる三本の橋を日本の国旗の色〝赤と白〟でライトアップした。

現地調査とイベント当日は、公邸に宿泊させていただき、特に最終調整を終えた夜には、美味なイタリアワインのグラスを重ねながら、お話が尽きることなく、楽しい時間を過ごさせていただいたことは、今でも忘れられない思い出となっている。

二〇一五年には、安藤裕康氏は国際交流基金の理事長に就任しておられた。国際交流基金は、外務省の外郭団体で、海外との文化交流や日本語教育の普及を行っている。

「日伊一五〇周年に光イベントをなさいませんか。」

安藤理事長の言葉に、私とリーサ明理は胸を躍らせた。

ローマは何と言っても、ヨーロッパ文明の礎となったところだ。ローマだけではない。優れたローマ時代の遺跡はヨーロッパ各地にたくさん残っている。かつてフランスのリヨン市にある、ローマ時代の円型劇場の遺跡とその近くに建つローマ時代の遺品を集めた歴史博物館を訪れて遺跡と遺品に感銘を受けたことがあった。

ローマには、二〇〇四年にサントリーホールで行われたホールオペラ「トスカ」で、照明だけではなく、舞台装置から衣装までデザインを任された時のプロデューサーであり、親しい友人でもある眞鍋圭子さんと訪れたことがある。この時は主に、オペラ「トスカ」にまつわる場所を見て歩いた。第一幕の教会、第二幕の宮殿、第三幕のサンタンジェロ城という具合である。その後に訪れたローマ時代の遺跡、フォロロマーノの壮大な遺跡には感動したものであった。ベストセラーにもなった、塩野七生さんの『ローマ人の物語』は私の愛読書の一つで、全巻が私の書棚に納まっている。どの巻を取り出して読んでみても面白い。

ローマについて思いを巡らしている時に、在イタリアの日本大使館からも、日伊一五〇年周年事業で光イベントをやってほしいという連絡をいただいた。すぐにパリのリーサ明理に相談をした。

「もちろん、賛成よ！　ローマで光イベントなんて、素晴らしいじゃない！　是非、やりましょう！」

娘には、私が二〇〇六年に、作曲家のプッチーニ終焉《しゅうえん》の地、イタリアのトッレ・デル・ラーゴ（プッチーニの墓所があるゆかりの地）で、三枝成彰氏作曲のオペラ「ジュニア・バタフライ」の公演の照明を手がけた時、アシスタントとして、パリから参加してもらった。その時、私は彼女に参加する条件として、事前にイタリア語の学習をしてほしいと頼んだのである。イタリアで仕事をする時には、英語やフランス語では、取付けや調整をしてもらう現場の電気工事の人や照明の設置や制御のオペレーターの人には、話が通じないだろうと考えたからである。リーサ明理は喜んで依頼に応じてくれた。イタリア語はやはり現地で学びたいと、フィレンツェの語学学校に短期留学をしたのである。当時、彼女はパリで照明デザイナーとして独立したばかりだったので、比較的時間は自由にとれた。しかし、パリでの仕事に穴をあけるわけにはいかないと、三週間を区切りとして二回、合計六週間の間、フィレンツェでホームステイをして日中は学校へ通った。

超短期留学ではあったが、フランス語が話せるリーサ明理は、何とかイタリア語でコミュニケーションがとれるようになった。現地でのトレーニングも兼ねて、夏のバカンスの間、何回もイタリアに出かけていったことも、良かったのだろう。日本から行くのと違って、イタリアはパリから陸続き、そう遠くはない。

ローマでの光イベントのために、できるだけ早く現地視察に行こうということになり、私とリーサ明理は二〇一五年五月のはじめ、ローマを訪れた。在ローマの日本大使館が、私たちのために視察用の車を用意して下さり、イタリア語が堪能な西池万葉一等書記官が同行された。ブダペストでも、北京でも、日本大使館には、有能な女性が書記官として勤務していて、私たちの光イベントにはいつも多大な尽力をいただいている。

　時は五月、輝く陽光と樹々の緑が映えるローマは観光客で溢れていた。フォロロマーノ、コロッセオ、カラカラ浴場、スペイン階段、ポポロ広場、サンタンジェロ城、アッピア街道……。さすがに、永遠の都と言われるローマだけあって、見所がたくさんある。しかし、どこも人出が多く、とても機材の設置などできそうにない。屋外イベントを常設で行っているところもあり、それらは避けなくてはならない。また、許可の取りやすさも、見きわめなくてはならない。問題は山積みになりそうだ。

　その夜は、梅本和義大使夫妻から夕食のお招きを受けていた。ローマの日本大使公邸は、市内ではあるがローマ時代の古い城壁を抜けた所の閑静な住宅地にあり、緑豊かな庭園のある豪邸である。広い食堂に通されて、私と娘は梅本大使夫妻のおもてなしを受けた。夫人はニューヨークのジュリアード音楽院でピアノを学んでいらした方という。さっぱりとした気持ちの良い方で話もはずんだ。

　夕食は、日本から伴ってきたという若いコックさんが腕をふるった、お洒落な和食だった。梅本大使は、スイス大使をされていた時に、日本スイス国交樹立一五〇周年事業の立ち上げにかかわっておられたそうで、私たちのベルンでのイベントをよく御存知という。スイスの光イベントの話が済んだ頃、本題に入った。

「今日、ローマ市内を御覧になって、光イベントに適したところが見つかりましたか？」

と梅本大使。

「素晴らしい場所がたくさんありますが、名だたる観光地だけあって、人が多すぎます。機材を設営する場所も必要だし、大勢の観光客にどう対応するかが問題でしょう。」

と言った後で、私は続けた。

「でも、ここローマで光イベントをやるなら、何と言ってもコロッセオです。」

私たちは、いつもその街で一番の場所、できれば、世界に知られたランドマークで行いたいと願っていた。

コロッセオは、一八八メートル×一五六メートルの円に近い三層の巨大な石造りの建造物である。ローマ時代の競技場で、かつてはすべて大理石で覆われていたという。映画『スパルタカス』でおなじみの剣闘士と野獣の戦いや、様々な競技に使われていたローマ時代の優れた土木技術を結集して建設された、まさにローマのランドマークで紙幣にも印刷されている。

ベルリンのブランデンブルク門は、大きな石造りの門だが、幅六五・五メートル、高さ二六メートルであった。これを一面のみ照らしたのだが、コロッセオは、幅一五六メートルもあり、円型の立体である。規模としては、三倍に近い。

これは、かなりの予算が必要だと、私は〝コロッセオ〟と断言するのを、躊躇した。

「希望としては、コロッセオを使わせていただきたいのですが……」

と私は少々口ごもりながら言った。

「次回、ローマにいらっしゃる時に、是非、バッターニ大使にお会いになって下さい。」

と梅本大使は、フォンダシオーネ・イタリア・ジャポネ（日伊財団）の会長、バッターニ大使の名前を挙げられた。かつて日本大使を務められた有力者で、政府や役所にも顔が広いという。今でもみなさんが大使とお呼びしている。

「このイベントを実現するには、バッターニ大使のお力添えが必要です。」

と念を押されて、私たちは次回のローマ訪問を、なるべく早くに行わねばと思った。

コロッセオを照らしたい

二回目のローマ訪問は二か月後の七月二一日となった。ローマの夏は真っ青な空に燦燦と太陽が輝き、日射しは強いが木陰に入ると爽やかである。

翌二二日は、イタリアの有力者、ウンベルト・バッターニ大使とお会いする約束となっていた。場所は市内の名門クラブという。鮮やかな赤い夾竹桃の花が咲く広い庭園の先に、瀟洒なクラブハウスが建っていた。入口の扉を開けた先には、昼食会の会場に登る階段がある。七〜八段登った先の踊り場に、品のよい初老の紳士が立っていた。イタリア人としては小柄でやせぎすの方である。

「モ、ト、コ、サーン！」

その紳士は、両手をいっぱいに広げて、私の名を大声で呼んでいる。まるで、オペラの一シーンのようである。私たちは、大歓迎で迎えられた。聞いてみると、二〇〇一年の「日本におけるイタリア年」の時に、東京タワーを赤白緑のイタリア国旗で光らせたことがあるが、その時のイタリア側の代表として、東京タワーの大展望台で開催されたレセプションに出席されていたという。先方は、私のことをよく覚えていて、今日は久々の再会という。

前菜にパスタ、次に魚料理のランチをいただきながら、終始笑顔のバッターニ大使の顔を見て、このイベントへのお力添えが期待できそうだと、私はホッとした。リーサ明理のイタリア語を交えた光イベントの概要の説明も、大使のお気に召したようである。まず、第一関門は突破した。

東京に戻って、私たちは早速企画書をまとめた。二〇一五年八月の企画書では、スペシャルライトアップとして、

第一候補――コロッセオのライトアップ

第二候補――コンスタンティヌスの凱旋門

とした。コンスタンティヌスの凱旋門は、コロッセオのすぐ隣にあり、コンスタンティヌス帝が在位一〇年目の勝利などを記念して三一五年に建てたものである。大きさは、幅二七メートル、高さ二一メートルで、ベルリンのブランデンブルク門より三八メートルほど、幅が狭い。門には美しいレリーフもあり、パリの凱旋門のモデルになったとも言われている。

とりあえず、候補二か所の許可取得を大使館にお願いして、私たちは光イベントの詰めに入った。スタディーを重ねて行くと、どうも凱旋門はつまらない。隣に壮大なコロッセオがあるため門はとても小さく感じられた。

グーグルマップを使って、コロッセオを上空から見てみると、あることに気がついた。コロッセオの西側五〇メートルほどの所に台地があるではないか！　調べてみると、フォロロマーノ（古代遺跡の公園）の東の端が、コロッセオの手前で終わっていて、一〇メートルほどの段差があることがわかったのだ。ここに照明やプロジェクションの機材を置かせてもらえれば、コロッセオの壁面を照らすことやプロジェクションを投映することは容易である。

コロッセオはローマのランドマークだから、昼は大勢の観光客が訪れる。周辺の平地――特に入場入口周辺は、いつも人で混み合っている。コロッセオで光イベントを行う時には、どこにイントレを建てればよいのか、また、設営や撤去の時にどうやって人の流れを止めたらよいか、悩んでいたのである。コロッセオの正面と思われる場所の対面に崖があり、その上が台地となっているなら、設置の心配もあまりないし、警備の人手も少なくて済む。これなら心配していた費用は、節約できると考えたのである。

ところが、ここで難題が持ち上がった。ローマの日本大使館から、コロッセオの使用許可を取るのは難しそうだという連絡が入ったのである。コロッセオは、これまで考えていたローマ市の物ではなく、国の文化財文化活動省の考古学文化財担当部局の管轄であるという。そこから使用許可を出してもらうことは、かなり難しいのではないか、というのが大使館の見解だった。せっかく機材の設置場所も目途がつきそうなのに、コロッセオの使用許可が取れないのでは致し方ない。かといってコンスタンティヌスの凱旋門ではどうもやる気が起きない。

場所探しが暗礁に乗り上げて、数週間が過ぎた。そんなある日、ローマから再び連絡があった。

「喜んで下さい。コロッセオで光イベントを行うことに大きな賛同が得られました！」

何と、バッターニ大使が時の首相に直談判をされたというのである。折しも、イタリア首相が日本へ訪問されて帰国した翌朝、バッターニ大使は首相に会いに行って、話をされたという。

「首相が同意されたのですから、国の文化財文化活動省の許可は大丈夫です！」

ローマの日本大使館から太鼓判を押されて、私たちは安堵した。

「バッターニ大使！　有難うございます！」

私たちはメールで最大級の御礼を述べた。

二〇一五年九月二五日付で、イタリア文化財文化活動省、コロッセオ・ローマ博物館考古学文化財特別監督局のフランチェスコ・プロスペレッティ監督局長より、紋章入りの立派なレターが梅本大使宛に届けられた。

「コロッセオにおける記念ライトアップイベントに関して、最大限の協力をお約束します。」

という文面である。

バッターニ大使から、首相に話をしていただいた効果はてきめんで、迅速に許可が出たわけである。一国の首相の耳にも届いている光イベントなのだから、成功させなくては、と私たちは気持ちを引き締めた。

イベントの会場が決まったところで、次の難問は、いつもの協賛金集めである。この大がかりな光イベントを実現するためには、多くの資金を集めなくてはならない。これには、梅本大使にも、相談に乗っていただいた。

イタリアと縁の深い日本の企業は、実はあまり多くないのである。なかでも長年にわたって縁があると聞いていた鹿島建設には、役員の方への説明も行ったが、企業メリットがないようで断られ、三菱ケミカル、三井物産などへも、しかるべき方からの御紹介で訪問したが、どこからもよい返事をいただけなかった。国際交流基金からは、安藤理事長が前イタリア大使だったことも幸いして、しかるべき援助をいただいたが、これだけでは実現は不可能である。

パリやベルリンのイベントで機材協力をいただいたパナソニックからは、今回も同様にプロジェクターの無償提供と、加えてオペレーションの費用をお願いした。

和歌山市にある島精機製作所は特殊な編機を製作している会社でイタリアの有名アパレルメーカーに編機を販売されていると聞いた。会長の島正博氏は〝日本のエジソン〟という異名をお持ちの発明家で、私もこれまで何度かお会いしたことのある方だ。長らくお目にかかっていなかったので、同社と親しい経営コンサルタントの方から改めて御紹介いただいて、和歌山市の島精機本社をお訪ねした。ちなみに、この本社ビルのライトアップは、かつて私たちがデザインしたものである。

ローマ・コロッセオの日伊友好光イベントの概要を私は、懸命に説明した。

「わかりました。協賛しましょう。」

島会長はそう言われて、一五〇〇万円の協賛費の拠出を快諾して下さった。しかし、国際交流基金、パナソニック、島精機と合わせても、まだ四〇％ほど不足である。

私たちの困窮を見かねて、実行委員で、かねてより私たちの仕事を応援して下さっていた篠沢恭助さん（前国際協力銀行総裁）が助け舟を出して下さり、日本たばこ産業（ＪＴ）の協賛が決まった。

経団連前会長の米倉弘昌氏のお力添えで、東レ、三井物産、三菱重工、ＮＴＴデータ、長年の知人である林田博さん（元国交省統括審議官）からの御紹介でダイキン工業からも協賛をいただき、何とか目途がついたことは幸いだった。

「愛」をテーマに

いよいよ、光イベントの内容を詰める番である。

リーサ明理と私の間で、度々ミーティングを重ねた。この頃からは主にＷＥＢ会議――スカイプを用いている。八月には例年比較的長く日本に滞在する習慣のあるリーサ明理とは、東京の事務所や夏休みの滞在先の軽井沢で、話し合いを行った。家族間のブレストは、便利である。生活の中のどこでも打合せができる。お茶を飲みながら、ワイングラスを傾けながら、私たちはイベントの中身を詰めていった。

コロッセオの現状は、ほとんど照明がなされていなかった。ちょうど大がかりな修復が終わったばかりなので、古代の大遺跡を新しい光で甦らせよう。そして、コロッセオの西面いっぱいに光のメッセージを描こう。これは最新の機材を用いてのプロジェクションである。

テーマは「愛」。世界中の「愛」を意味する言葉を宇宙に拡がる星のように散りばめ、その言葉の星が地球に降り注ぎ、地球が「愛」の言葉で覆われる映像作品を創ろう。日本とイタリアのこれまでの友好を継続し、これからもともに手を携えて、「人に愛（世界の人々に愛を！）」「地球に愛（持続可能な地球を守る愛を！）」を呼びかけよう。

加えて、特別展示と記念パーティーが計画された。展示会場には、今回のイベントに協賛する企業の製品や広報などが行われるよう企画した。多少なりとも協賛していただいた会社にメリットがあるようにと考えたわけである。

光イベントの開催は、二〇一六年五月一二日（木）、一三日（金）、一四日（土）。当日のローマの日没時間は二〇時二一分なので、光イベントは二〇時三〇分から二四時までとした。ローマの夜は長い。五月の夜は暑からず寒からず、気持ちの良い時期である。コロッセオ前の広場には、深夜まで人が出ることを期待した。

実施にあたり、私たちがいつも行っているように、現地でチームを編成した。今回はミラノに本拠を置く、ニューライトニング社を候補に挙げた。ベルリンのイベントで実績があったPRG社からの紹介である。

一〇月に再びローマを訪れた時、ニューライトニング社の人に、ローマのホテルまで来てもらった。彼らは約束の時間ぴったりにやってきた。イベントの説明をした後、見積依頼をしたが、驚くほど詳細な見積書が数日のうちに送られてきた。イタリアで仕事をする時には、相手が時間にルーズであるとか、約束を守らないといった話を聞かされていたが、ミラノのこの会社は大丈夫だと、私たちは確信した。

秋も深まる頃には、私たちは新しく制作するプロジェクションの内容を詰めていった。「人に愛」は、世界各国の〝愛〟の言葉——イタリア語の「AMORE」、英語の「LOVE」など、たくさんの言葉が集められた。「地球に愛」は、地球の自然を水墨画で表現して、その絵を変化させながら構成していくことにした。自然の樹々——ローマは松が多いので、松の木や日本の杉林、川の流れ、水に泳ぐ魚たち、雨が降った後、飛びかう鳥、草花や蝶々、そして最後に咲き誇る大輪の花々……。これらを水墨画で表現することを、若い頃、水墨画を習ったことがあるリーサ明理に任せた。コロッセオの壁面に水墨画を反転させた絵を描くというのも、私たちがやりたかったことである。

クライマックスは、華麗な花々のシーンの後、〝愛〟の文字が次々と集まって、地球を覆っていく。コロッセオの壁一面に〝愛〟の文字が拡がり、星となって、フィナーレを迎える。

音楽はイベントの大切な要素である。今回も、これまで何度も協力してもらったフランス人の作曲家、ジャイ・エルネスト氏に依頼した。彼は私たちの光のイメージをよく理解してくれた上で作曲に臨む。自分の作品を創るためではなく、あくまでも光を盛り上げるために作曲してくれる有難い存在なのだ。

一二月に入って、私の事務所では、コロッセオと機材を設置するフォロロマーノの台地の模型を製作した。六〇×四〇×一二センチという、飛行機の機内に持ち込めるサイズのものである。今後、ローマで各方面に説明するのに模型があると理解を得やすい。模型が有効に働くことは万国共通で、これまで幾度も経験してきたことである。

二〇一六年、いよいよ本番の年である。私は一月の後半、再びリーサ明理とローマを訪れた。三泊四日という、いつもながらの短い滞在である。その間、コロッセオを再度訪れて、細かいところを確認したり、関係諸方面の方々への訪問がある。プロスペレッティ監督局長やダルキラフィ文化財外交顧問に面会の上、許可をいただいた御礼をお伝えした。

また、この時には、大統領府の隣にあるパラヴィッチーニ邸を視察した。特別展示とパーティーの会場の候補である。オーロラ宮と呼ばれる美しい館で、素晴らしい建物と庭園だったが、後の検討の結果、運営上の問題から、展示とパーティーは、別の場所となった。
夕食は、梅本大使夫妻の御好意で、打合せも兼ねて、大使公邸にお招きいただいた。山内弘志公使も同席されている。山内公使は、コロッセオでのイベントの様々な許可関係では、大変御尽力をいただいた。

私の海外出張は、だいたい東京を週末に出て週末に帰国するという一週間の行程である。東京の事務所では、たくさんのプロジェクトを抱えていたし、当時夫の体調もよくなかった。出張に行っていても、心配が尽きなかったのである。

例年リーサ明理は、暮れから正月にかけて帰国する。クリスマスをパリで過ごしてから東京に来て、ヨーロッパは年明け早々に仕事がはじまるため、慌ただしくまたパリに戻る。一緒に食卓を囲みながら、私たちはよく次のイベントの話をした。

コロッセオのライトアップは、日本とイタリアの国旗の色で染めたい。こんなアイディアも、食卓から生まれたものである。コロッセオの円型の側面真ん中を白色光で、向かって右側を赤に、左側に緑を、そして真ん中に丸い配光の赤色光を投光する。そうすれば、イタリアの国旗の赤白緑と日本の国旗白と赤が、一つの画面のように構成され、イタリアと日本の友好を表すライトアップとなる。ライトアップのメインのシーンは、この構成となり、パースが作られた。プロジェクションは、リーサ明理の描いた水墨画を反転させて、暗い地色に白い線が浮かび上がるものを用意した。たくさんのシーンを作成し、そこに動きをつけていくプランが創られ、徐々に完成に向かっていった。

二〇一六年の二月に入ってから、在ローマの日本大使館から連絡が入った。

「開催の日程を一日前倒しにして、五月一一日（水）、一二日（木）、一三日（金）としていただきたい。」

木、金、土の開催を一日早めて、水、木、金としてもらいたいということである。せっかく週末にかけてのよい日程だと思っていたのに、要人が初日の一一日にローマにいらっしゃるとのことだ。

要人？

私たちには何のことかわからなかったのだが、のちに秋篠宮殿下、妃殿下がローマにお越しになるということがわかった。点灯式にもお越しになるという。イタリアのメディアにも当然注目されることだろう。私たちの光イベントも、よりクローズアップされることと思い、一日早いスタートになることも納得できた。予定されていた展示会やパーティーも、これまで視察したオーロラ宮から、警備上や運営上の都合から、市内のリッツホテルに変更となった。

一方、開催に向けて、ポスターやフライヤーの製作、ホームページの開設も進められた。これらもすべて私たちのチーム内での手づくりである。

ここでも難題が……

二〇一六年四月に入ってから、準備のためにローマを訪れていたリーサ明理から一報が入った。

「大変なの！　打合せに行ったら、コロッセオとフォロロマーノの現場担当者が、私たちは何も聞いていない！　と激怒しているの。一月に現場を見せてくれたコロッセオのモレッタさんは、建築担当でイベントのことは、自分たちである！　と大変な剣幕なのよ。これでは、五月にイベントはできないわ！」

と悲鳴を上げている。めったに泣き言を言わないリーサ明理なのだが、今回は余程のことなのだろう。

関係官庁の監督局長から、許可と協力のレターをいただいているし、何しろ首相も了承済みの案件なのだが、末端の直接の担当者のところには、何も連絡が行っていないようだ。どこの国でも時にはこのようなことがあるけれど、何しろイベントは来月に迫っている。大使館では、当日のパーティーや、点灯式の準備の真っ最中である。いまさら中止というわけにはいかない。

「いったい、どう対応したらイベントが開催できるのか、よく先方の言い分を聞いてね。」

と、私はリーサ明理に、冷静に対応するよう頼んだ。激高しやすいイタリア人を相手にこちらも熱くなっていては事はうまく進まない。

長時間にわたる打合せの後、各種書類をまとめて窓口に提出することと、新たに申請書類を作ることをコンサルタントに依頼することになったという。

ほどなくしてからリーサ明理から、施工を依頼したミラノのニューライトニング社を通して、しかるべきコンサルタントを依頼したという連絡が届いた。この期に及んで、また新しい出費が増えるのかと、私は少々頭が痛かった。

コロッセオでの事前照射実験の画像も届いた。凹凸の多い茶色の石で積み上げられたコロッセオの表面にも、プロジェクション画像は、はっきりと映り効果もよい。あとは無事に申請書が窓口を通るように祈るばかりである。

さて、イベント開催まで残すところ僅かとなった五月三日に、私とリーサ明理は、ローマに入った。最終段階に入って、私たちにとって、頭の痛いことが次々と起こった。

まず、申請書類の作成を依頼したコンサルタントからは、一万八〇〇〇ユーロ（約二〇〇万円）という高額な見積りがきた。コロッセオ前の広場にある、光イベントの邪魔になる街路灯の光を消してもらうために、ローマの電力会社は一回につき一〇〇〇ユーロ（一二万円）と通知してきた。機材を設置するフォロロマーノの崖の入口には、鍵を管理する人を常時つけるように、二人以上で作業する場合には警備員を一人付けるなど、費用がかさむ指示がいろいろとコロッセオとフォロロマーノの事務所から出される。加えてコロッセオとフォロロマーノの一部を使用する料金を、数日中に支払えという命令も来る。合計、日本円にして二〇〇万円強である。あいにく日本は五月の連休中なので、銀行は閉まっている。困っている私たちを見兼ねて

「私が立て替えましょう。」

と日本大使館の山内公使が申し出て下さった。御親切は身に沁みて有難かったが、そんな甘えは許されない。結局、パリの銀行の日本人スタッフに頼んで、何とか支払いを済ませた。どうも現場事務所からの嫌がらせのようである。

一方、現地での準備は、着々と進んだ。本番の四日前から、フォロロマーノの台地では、イントレが組み立てられ、照明器具の取付けがはじまった。プロジェクター用のイントレも建てられた。今回は、横に長い二層の低いイントレである。照明器具が六〇台、ビデオプロジェクターが八台、それに制御機器、音響関係機器が加わる。

コロッセオ側にも、照明器具が四二台、スピーカーが三二台、設置された。

五月一〇日、日没を待ってリハーサルがはじまった。ローマの夜は爽やかで心地よい。コロッセオの一、二層のアーチに設置した照明器に灯がともり、対面のフォロロマーノ側からも照明が一斉に点灯した。問題はなさそうである。

プロジェクションの画像合わせがはじまった。八台のプロジェクターが、四面に分かれた面をつないでいく。これにはいつも時間がかかる。合わせ終わった二二時過ぎ、プロジェクショ

フォロロマーノの台地に組み上げられたイントレ

ンがはじまった。半ばを過ぎて後半にさしかかったところ、異変が起きた。コロッセオ全面に花が咲くシーンで花の一部が小さくしか映らないのだ。

イタリアのビデオ・チームとリーサ明理が早口で話しはじめた。リーサ明理が、ビデオの制作を手伝った、パリのチームの一員と携帯で話しはじめた。状況は緊迫し、私も顔がこわばった。こんな時、私は冷静にしていなければならない。三〇分強の時間が過ぎて、画像は正常に戻った。やれやれである。リハーサルは、深夜を過ぎて三時近くに終了した。

コロッセオに水墨画が出現

五月一一日、本番の初日、何と雨である。準備をしていたその日まではいつも好天だったのに！　と空を見上げたが、止む気配はない。幸い展示コーナーを置いたリッツホテルの会場は、天気とは関係ない屋内の大宴会場である。

パーティーには、秋篠宮殿下のスピーチがあり、日本イタリア年の関係者が集まり盛大に行われた。次はいよいよ現地での光イベントの点灯式である。点灯のスイッチは、秋篠宮殿下と紀子妃殿下が押されることになっていた。

ホテルの外に出ると、雨は小降りとなっていて、点灯式の会場――フォロロマーノの台地に着いた時には、雨は上がっていた。

濃紺のダークスーツをお召しの秋篠宮殿下に続いて、薄黄色の和服姿の妃殿下が、ゆっくりと階段を上っていかれる。妃殿下のお召し物は、肩や袖に日本の伝統的な花柄があしらわれていて、ほっそりとした着物姿は、まさに和の美しさで、そろそろ夕闇が迫る頃となったコロッセオ前の広場では、柔らかな光彩を纏っておられるかのようだった。両殿下に続いて、梅本大使御夫妻、バッターニ大使とイタリア側の主賓がゆっくりと階段を上り、私とリーサ明理は、その後に続いた。

　コロッセオの対岸、フォロロマーノの端の台地で、点灯式は執り行われる。コロッセオ前の広場に面したこの台地には、私たちの光イベントの機材六〇台やプロジェクター八台がイントレの中に置かれていて、その中央の平地が点灯式場である。

　まず、梅本大使の御挨拶、続いてイタリア側を代表して文化財文化活動省政務次官・イラーリア・ブイトーニ女史のスピーチがあり、いよいよ、点灯スイッチが中央に置かれた。

　この点灯式のために、私はチームの一員として、東京から西尾聡さんに同行してもらっていた。彼は舞台設営と運営の大手、綜合舞台の創設者で社長の西尾榮男氏の御子息で、小さい頃から父親にせがんでイベントに連れてきてもらっていた。その頃、私も娘のリーサ明理を中学生の頃から、夜間のイベントのリハーサルに同行していたので、言ってみれば、西尾聡さんとリーサ明理は、イベント・ジュニアといった幼友達である。聡さんはカナダで大学を終え、その後は綜合舞台に入社して、イベント一筋で働いてきた人である。

秋篠宮両殿下が点灯式で点灯ボタンを押されることが決まった時、私は聡さんにチームに加わってもらうことを決めた。点灯式を差配し、両殿下を舞台に誘導し、滞りなく式を進め、退出していただくには、プロのステージマネージャーが必要である。それを聡さんに頼んだ。

さて、点灯式はいよいよ本番に入った。イタリア側のスピーチの後、聡さんの先導で秋篠宮両殿下が登場され、真ん中に置かれた点灯ボタンの前に立たれた。

「五、四、三、二、一、」

の掛け声で、両殿下が一つのスイッチに手を重ねて押された。「人に愛、地球に愛」にふさわしいシーンであった。大音響とともに、向かいにそびえるコロッセオが明るい光で照らされた。右側が赤に、中央が白に、左側が緑に染まった瞬間、中央の白地の中央に丸い赤い光が照射された。イタリアと日本の国旗が、古代のコロッセオに照らされたのである。

続いては、プロジェクション・マッピング（プロジェクターを使って建造物に映像を映し出す技術）のはじまりである。左手の一層二層のアーチは一弧ずつ太鼓の音に合わせて、シャープな紅色で照らされていく。

アーチと壁が、次々と様々な色に照らされた後、いよいよリーサ明理が描いた水墨画を使ったシーンとなる。墨の線が白色に反転され、暗いコロッセオの壁面に人の手が描いた太い豊かな線が現れる。ローマの松と日本の杉が出現した後、水墨画独特のぼかしを入れた柔らかな山がゆっくりと登場してきた。左上から右下へ流れる渓流の川に泳ぐ魚の群れ、雨上がりの空を飛び交う燕たち、そして、画面いっぱいに咲き乱れる大輪の花の間を飛ぶ蝶々……。地球上の自然を新しい画法で表現したプロジェクションが続き、フィナーレでは壁一面に描かれた各国語の「愛」と「ＡＭＯＲＥ」の文字が、一斉に集まって地球を覆う。

ライトアップとプロジェクション・マッピングのプログラムは、一五分間で、その後二分間のインターバルの後、再びリピートされて続いていく。

秋篠宮両殿下は、点灯スイッチを押された後はその場でプログラムを二周御覧になった後、退場された。退場時の先導も西尾さんが立派に務めてくれた。このイベントに尽力して下さった方々も顔を揃えて見て下さった。バッターニ大使や日伊財団の理事さんたち、日本大使館の山内公使やスタッフのみなさん、そして、日本からはるばるこのイベントのために来て下さったスポンサー企業の方々……。みなさんの満足そうなお顔を見て、私たちは胸をなで下ろした。

日本や現地のプレスの取材の後、この夜はＮＨＫや民放のテレビ局の他、パナソニックと島精機が社内広報用に派遣したＴＶクルーの撮影もあった。ローマのコロッセオのライトアップというのは、各社にとっても取材価値があるものなのだろう。やはり、頑張って、コロッセオで実現できて良かったと、私は心から思った。

二四時の終了後、私たちはホテルに向かった。いつもイベントの時は現場から徒歩圏内のホテルに宿泊するが、今回も歩いて五分の近い所である。ホテルには、軽いビュッフェを頼んであった。私たちは東京から来た事務所のスタッフ三人と一緒に、初日の成功を祝って杯を上げた。

二日目は晴天に恵まれ、コロッセオ前の広場には、夕方から大勢の観客が集まっていた。開始から終了まで、フォロロマーノの台地の機材設置周辺では、イタリア側のスタッフもきびきびと働いていた。

三日目も晴天である。いよいよ最終日、今日で終わるということで、ここで気を緩めてはいけない。イベントは無事終了することが、最も大事なことなのだ。このイベントにも、私たちは最大限の保険をかけて備えていた。

イベントがスタートした。音楽がたくさんのスピーカーから溢れ出し、大量の光がコロッセオに向かって投げられた。

私たちはイベント中は、終始フォロロマーノの台地にいる。照明機材やプロジェクター、コントロールブースに近いところに陣取っている。ところが、まわりを見渡して驚いた。昨夜とは大分様子が違うのである。まず、子供が大勢いる。所々ではピクニックのように、シートを敷いて食べ物を拡げ、グラスを傾けて飲んでいる人たちがいるではないか！　びっくりした私は、イタリアチームの総監督のところに飛んでいった。

「あの人たちは誰？」

「あー、彼らは僕の家族です。妻と息子と息子のガールフレンドの一家ですよ。」

とニコニコとして言うではないか。

この台地に入るには広場側の柵の扉から、スタッフバッチを見せなくては入場できない。その扉番のために、私たちはフォロロマーノの事務所から三人の扉番を雇うように言われているのだ。

「扉番にはスタッフの家族は入れるようにと言ってあります。」

とイタリア側のチーフ。これはイタリアでは当然のことと言わんばかりである。

イベントの特等席は、オペレーターブースの近くである。下に見えるコロッセオ前の広場はイベントを見る人たちで混雑しているが、フォロロマーノの台地は、見晴らしが良いしスタッフしか人はいない。絶好の見物場所であろう。イベントのスタッフが、家族をコントロールブース近くに連れてくるなど、日本では考えられないが、イタリアでは普通のことのようだ。子供たちはおとなしくイベントを見たり、親から借りたスマホで写真を撮ったりしている。まあ、イベントの邪魔になることでもないので、私たちは黙認することにした。

イベントの最終回、二二時をまわったところで、思わぬ来客があった。さっき空港に着いたという、林田博さん御夫妻である。林田さんは国交省の港湾審議官の頃からの知り合いで、私たちの光イベントの良き理解者である。国際会議に出る途中に寄られたということで、私たちは感激した。

二四時、最後のシーンが終わった。光が消えてコロッセオは再び闇に沈んで、巨大な黒い塊となった。私は大きく息を吐いた。両肩からさっと重さがとれた瞬間だった。

イベント終了後、私たちは日本大使館への挨拶もそこそこに、パリへ引き上げた。大使館は秋篠宮両殿下の御滞在で慌しく、梅本大使にお会いすることができなかったので、また、近々ローマに伺うこととした。リーサ明理はパリで、私は東京で仕事が山積していたのである。

イベントの後処理を東京で行っている時、ローマからは、いくつもの請求書が届いた。もちろん、予定していた支払いもあるが、それ以外もあった。コロッセオとフォロロマーノの事務所から、私たちの光イベント中に、両事務所の職員が残業した分を支払ってほしいというのである。全部で一五名ほどで、一人一人の名前と金額があり、各々の銀行口座名が書かれてあった。全員公務員のはずだが？　と疑問に思って、日本大使館に問合せてみた。

「各人に払ってあげて下さい。」

というのが回答であった。どうもイタリアでは、商習慣が違うようである。日本の銀行から小口に一人一人に送金するのは手間と手数料もかかるが、仕方がない。五月の突然の「聞いていない！」といい、直前の高額の支払い要求といい、この追加の請求といい、腹が立ったが、それも段々とおさまってきて、

「またローマに行きたい！」

と思うようになるのは、やはり永遠の都・ローマの尽きぬ魅力のせいなのだろうか？

機会を改めて、九月の「メゾン&オブジェ」出展でパリに滞在後、私とリーサ明理は再びローマを訪れた。梅本大使夫妻、山内公使、日本大使館のスタッフの方々、そして、バッターニ大使と、私たちは御礼の挨拶にまわった。

イベント準備の期間中、何度も訪れたホテル近くのレストランに「海の洞窟」と名付けられた、店の名物パスタがあった。海老、貝、蛸や魚など、およそ一〇種類の海産物が山盛りのスパゲッティである。

「もう一度、あの料理が食べたい！」

ローマを発つ前夜、私とリーサ明理は久々の「海の洞窟」で大満足であった。

初日終了後、スタッフと記念撮影。
イタリアと日本の国旗の色の光に染められたコロッセオを背に

第九章

ジャポニスム二〇一八

フランス・パリ　エッフェル塔・特別ライトアップ
金色に輝く光の塔

2018

エッフェル塔をライトアップする

二〇一六年五月に行われた、ローマのコロッセオ・ライトアップ。そのイベントのファイルの最後の頁に、私はこう記した。

「もう、海外イベントはやらない！」

何度も存続の危機に遭遇した、ローマの一大観光地であるコロッセオのイベントは、成功したものの、いつ突然の中止となるかわからず、加えて設営中や撤去の時に、もしも居合せた観光客にケガでも負わせたら、いくら保険をかけているとはいえ、大変なことになる可能性もあった。そんな危険をおかしてまで、ヨーロッパでのイベントを、これ以上続けるのはやめようと、私は思った。

ところがである。ローマのイベントを終えて間もない頃、当時国際交流基金の理事長になっておられた、旧知の安藤裕康氏から、相談を受けた。

「ヨーロッパで、何か大きな日本文化紹介のイベントをやるとしたら、何処がよいですかね。ロンドンですか？　パリですか？」

一九世紀後半、ヨーロッパでは、日本に対する関心が高まり、〝日本趣味〟——いわゆるジャポニスムが、急速に広まった。印象派の画家たちが、日本の版画である浮世絵を収集し、多大な影響を受けたことは、よく知られている。陶磁器や刀剣、甲冑が買われ、日本の着物も部屋着としてもてはやされた。言ってみれば、日本文化の波がヨーロッパに文化的な影響を与えたのだが、日本文化の新しい波を再び起こそうという、壮大な計画を検討中だという。

「そういうムーブメントを起こすのは、ロンドンではなく、やはりパリでしょう。」

と私は、安藤理事長の問いに率直に答えた。

インテリア・デザインでも、ファッションでも、流行の発信地は、今でもパリである。娘のリーサ明理と私が、招待デザイナーとして参加している、インテリア関係の大展示会「メゾン＆オブジェ」には、「トレンドセッター」という人たちがいて、彼らがその年のテーマを決める。色彩、素材、造型の方向性などに多大な影響を与え、出展者たちは、その方向性を踏まえた上で、展示品を選びブースを構成する。そして、全世界から集まるプレスの人たちが、各国のインテリア雑誌やＷＥＢでその年の展示を紹介している。ファッションも、同様の仕組みになっていることだろう。

フランス人は、一般に知的レベルが高く、また美しいものに対する感性も豊かである。パリには数多くの美術館、博物館があるが、そこで開催される展覧会の質はきわめて高い。私もパリに滞在する時には、展覧会をいくつも見て歩くが、その内容と展示デザインの素晴らしさには、いつも感動させられる。一般の人々もよく展覧会には通っているし、日本文化に対する関心はきわめて高く、日本文化の新しい波——二一世紀のジャポニスムを起こすには、パリがふさわしいと、私は思ったのだ。

数か月の後、国際交流基金から「ジャポニスム二〇一八」の全体構想が発表された。それを見ると、日本の古典芸能から現代の演劇、音楽、仏教美術から現代アートまでと、幅広く多彩なプログラムである。

もう都市ぐるみの大イベントはやりたくないと言っていた私は、プログラムの全体を見て豹変した。

「私たちも、是非何かやりましょう。」

早速、パリのリーサ明理に連絡をして、相談をはじめた。パリを拠点に照明デザイナーとして活動しているリーサ明理はもちろん、大賛成であった。待ってましたといわんばかりである。

大勢が参加するプロジェクトは、迅速に行動しなければならない。〝早いもの勝ち〟の観があって、先に言い出したものが優位になることは、建築や博覧会のプロジェクトでこれまで度々経験している。私たちがこれまでにやったことがないもの——できないだろうと諦めていたことが、今度は可能になるかも知れない。

全体を統括しているのが、国際交流基金でしかも、芸術に造詣が深く、私たちの仕事に理解のある安藤裕康さんが、理事長である。また、このプロジェクトには、政府の大きな後押しがあると聞いていた。

「パリで行うなら、何と言っても〝エッフェル塔ライトアップ〟でしょう。」

娘の言葉に、私も大きく頷いた。

　エッフェル塔は、何と言ってもパリ最大のランドマークである。パリの街は、建築の規制が大変厳しく、新しい高層ビルを建てることは禁じられている。平均して五～六階で屋根がある、一九世紀までに建てられた建築群の中に、高さ三〇〇メートルのエッフェル塔だけが、ひときわ高く空に突き出ている。エッフェル塔の対岸、セーヌ川をはさんだシャイヨー宮の広場から見るパリの街並みのなか、スッと空高く立ち上がるエッフェル塔の雄姿には、いつも感動させられていた。しかし、国家的なイベントでもない限り、エッフェル塔を使わせてもらうことができないのは、周知のことだった。

　エッフェル塔の照明は、一九八〇年代に一新されて、当時最先端の光源であったＨＩＤ光源（ガラス管の中に金属ガスを封入した高効率電球）の高圧ナトリウムランプを用いて、ライトアップされていた。これはフランスの照明デザインの草分け的な人物として知られるピエール・ビドー氏と当時新しい光源を積極的に開発していた、オランダのフィリップスによって行われたものである。頂上にはサーチライトがつき、毎夜パリの上空を三六〇度、ゆっくりと回転している。その後、約三万個の小さなフラッシュライトが取り付けられ、毎正時には三分間点滅をする。これがシャンパンの泡のようだと評され、人気が高い。

　エッフェル塔を特別にライトアップするのは、私の知る限り、国家的なイベントに限られていて、ＥＵ設立記念日の青色ライトアップ、中国との交流年の赤のライトアップぐらいである。

「ジャポニスム二〇一八」は、言ってみれば、日仏友好の記念イベントである。もしかしたら、この機にエッフェル塔のライトアップは許可されるかもしれないと、私たちは期待した。

「エッフェル塔特別ライトアップ」と銘打って、私たちはすぐに企画の作成に取り掛かった。新しい企画書をパリで娘と作成して、帰国後、私はすぐに安藤理事長をお訪ねした。

「エッフェル塔をライトアップしたいのです！」

安藤理事長は、笑顔のよい方である。声も明るい。お若い頃、ミスター「外務省」と言われた方である。

「わかりました！　プログラムに加えましょう。」

こう即答いただいた時、私は第一関門突破という気分で、すぐにパリの娘に報告した。

当時、フランスでは度々、テロ事件が起きていた。パリではイスラム教を侮辱したという理由で新聞社が襲われて何人もの死傷者が出た。またニースでは市民の列に車が突っ込み、大勢の死傷者があった。

「テロが怖いので、ジャポニスムには参加しないというグループがいくつかありますが、石井さんたちは如何ですか。」

ある時、安藤理事長からこう問われたことがあった。女性二人組がおびえていると思われたのだろう。

「私たちは、テロよりも東京で暴走する車にはねられることの方が心配です。」

これが、私たちの答えである。当時、お年寄りの運転事故が多数報道されていた。フランスでは、天災は防げないが人災は防げるという考え方が一般的だという。まして、エッフェル塔はパリのランドマークである。フランスは国の威信をかけて、テロからこの塔とその周辺を守るだろうと私たちは考えた。テロが怖いから、イベントはやめるなど、考えもしなかったのである。

このような国家的イベントなら、いつも苦労する資金集めは何とかなるだろうと楽観した私たちは、施工と許可関係の取得方法を探った。

調べた結果、エッフェル塔関連のイベントには、いつも同じ会社が当たっていることがわかった。許可関係はその会社と一緒に仕事をしている事務所が取り仕切っていることも知った。早速、私たちは施工会社であるマグナム社の社長ジェローム氏のアポを取って、訪問した。パリ近郊の工業地帯の一角にある同社は、大きなスタジオ二棟と大型トラックが何台も入る広い敷地を持ち、周辺は二、三階建ての新しい建物や緑地に囲まれたオフィス街といったところである。

スタジオの一部が事務所となっていて、私たちはミーティングルームに通された。そこにはガッシリとした体格で、フランス映画の性格俳優のような顔つきの六〇歳前後の男性がテーブルの向こうに座っていた。社長のジェローム氏である。握手のために差し出された手もガッシリとしている。イベント業界の人によくあるが、黒いズボン、黒のシャツ、黒のブルゾンと黒づくめの服装である。表情は硬く愛想がない。

リーサ明理が、今回の訪問の主旨を話した。「ジャポニスム二〇一八」のイベント全体を説明し、エッフェル塔ライトアップの実施協力の打診をしにきたことを伝えたのである。

相変らず不愛想なジェローム氏に、私は用意してきた私の作品集を取り出し、最初の頁を見せて説明をはじめた。ジェローム氏は、一頁ずつ、私の作品集を丁寧に見ていった。続けて私は、これまでヨーロッパ各地で行った周年記念イベントの写真を見せた。ベルリン、ベルン、ローマ……。見終わった後、ジェローム氏は笑顔を見せた。黙っていると、少々怖い性格俳優のような人だが、笑顔は可愛い。

私たち日本人は、概して若く見られる。七〇代だった私は、多分五〇代に、四〇代だった娘のリーサ明理は二〇代後半くらいに見えたのだろう。最初は東洋人の女性二人が何をしにきたかと思って接していたに違いない。作品集を見て急に態度を変えたジェローム氏だが、私たちを同業の仲間と感じたようである。急に優しくなって、私たちの話に耳を傾けてくれた。

「わかりました。あなた方のエッフェル塔イベントに協力しましょう。」

ジェローム氏はその言葉の後に、社内を案内してくれた。スタジオは広く、たくさんの機材が置かれていた。働いていた男性は、三〇代前後の屈強な男性たちで頼りになりそうである。

「これからパリ市内に帰られるのなら、私がお送りしましょう。」

駐車場に案内されて車を見た時、私たちは思わず声を上げた。二〇一七年当時、まだ珍しかった電気自動車テスラだったのである。私たちはテスラに乗るのは、初めてだったので、外観と内部の様子を興味深く眺めた。

私は後部座席に乗り、リーサ明理は助手席に座った。その方が道中、ジェローム氏と話をするのに好都合だからである。フランス人はお喋り好きである。そろそろ夕方のラッシュアワーにかかり、パリの中心部まで行くのに時間がかかる。その間、リーサ明理とジェローム氏の話ははずんだ。仕事のパートナーでもある夫人との間には、息子さんが一人いて、彼は目下グランゼコールの学生で、将来は父親の仕事を継ぐという。フランスでグランゼコールの学生と言えば超エリートで、卒業後は超一流企業に勤めたのち政財界で活躍する人が多い。そんな息子さんが、このイベント会社を継ぐということは、ジェローム氏の事業が好調で将来性がある証拠である。それを聞いて、私たちの信頼は高まった。

エトワールに近い事務所のある建物の前で私たちは車を降りて、手を握って別れた。建物には、娘の事務所名“I.C.O.N.”と、私の事務所名“MOTOKO ISHII LIGHTING DESIGN”の真鍮製の看板を出していたので、それを見てジェローム氏も安心したことだろう。

ジェローム氏の紹介で、私たちはＤＳイベントという、エッフェル塔でイベントをする時の許可関係の事務所を知った。女性二人で運営しているという。シルベット・ビドリニさんが主に許可関係を、造作や現場は建築出身のプルーデンス・リシャールさんが担当しているという。

初夏の暑い日の昼下がり、私たちはリシャールさんの住まい兼事務所を訪ねた。訪れたのは、パリ市街を見渡せる高台のアパルトマンである。脚にピッタリのジーンズに、真白の木綿のゆったりとしたブラウス姿で現れたリシャールさんは、五〇歳前後のエレガントで小柄な女性だった。聞くところによると、フランスのメディア界の大物が元の夫で、離婚後一人で今の仕事をはじめたという。恐らく政財界に知人の多い人なのだろう。彼女は私たちのイベントへの協力を約束してくれた。

さて、イベントの内容である。エッフェル塔を白く光で染め上げて、日の丸の赤い円型を太陽が昇るように、段々と上にあげていく「日出ずる国、日本」の表現だけでは、不充分である。まず、テーマを再考しようということになった。私がパリにいる間、娘と私は朝食をキッチンで食べながら、カフェのテラスで昼食を摂りながら、この課題に没頭した。私たちがこれまでに行ったヨーロッパでの周年事業のイベントで、最も強いメッセージを発したのは、ベルリンの〝平和のメッセージ〟であった。では、パリでのメッセージは何なのか?

フランスは、〝フランス革命〟で世界に先がけて近代化の口火を切った国である。

「自由(リベルテ—LIBERTÉ)、平等(エガリテ—ÉGALITÉ)、友愛(フラテルニテ—FRATERNITÉ)」が以来国の基本となっている。この韻を踏んだ三つの言葉にのっとって、私たちの今度のイベントのコンセプトを考えたらどうなるだろう。娘の発案で、私たちはいく日も、韻を踏んだ三つの言葉を探した。

そして、ある朝に決まったのが、「自由（リベルテ―LIBERTÉ）、美（ボーテ―BEAUTÉ）、多様性（ディヴェルシテ―DIVERSITÉ）」である。リベルテ、ボーテ、ディヴェルシテ、はきれいに韻を踏んでいた。私たちは〝自由と美、そして多様性〟を、エッフェル塔ライトアップのテーマにしようと決めた。

金色の光を創り出す

光イベントは二部構成として、第一部のライトパフォーマンスとして「日出ずる国、日本」を象徴して白く光で染まったエッフェル塔に、丸く赤い太陽――日の丸がゆっくり昇っていく。その後には、「自由」「美」「多様性」をテーマとして、エッフェル塔を多彩で多様な光で表現するプログラムを創る。第二部は、シンボリックイメージとして、日本の伝統的な美をエッフェル塔に映し出そう。第一部の光は主にリーサ明理が、第二部の光は私が主に担当することにした。

パリを訪れて、エッフェル塔を様々な場所から見たり、エッフェル塔にまつわる書物、特にギュスターヴ・エッフェル氏の業績や伝記を読むうちに、私の中には、日本の美をエッフェル塔に重ねてみたい気持ちが強くなった。

エッフェル塔を金色に染めてみたい！　そこに、日本の美術を映し出せないか、と考えた。

このイメージは、直感的に私の中に湧き上がったものである。

　そうだ！　エッフェル塔を金屏風のような金色にして、そこに、尾形光琳の国宝「燕子花《かきつばた》図《ず》」屏風の絵を映し出そう。尾形光琳の燕子花図は、鮮やかな青の花と緑の葉で構成されている。最新のプロジェクション用の機材は、レーザー光線を用いているので、青と緑は鮮やかに出せるが、赤系統は少々苦手である。機材との相性からいっても、燕子花図は、最適である。併せて光琳の作品は昨今パリでも人気が高い。

　さて、金色はどうやって作ろうか？　エッフェル塔はかなり濃い茶色に塗られている。あの地色を金色にするにはどうしたらよいだろうか？

　最近ではイベント用機材はＬＥＤを主に使用している。赤、緑、青のＬＥＤ素子を内蔵して、赤と緑を混色して黄色を出すのだが、美しい黄色は最も出しづらい色なのである。

　そうだ！　ＬＥＤ素子から黄色をつくり出さなくてはならないのだ。そう気付いた私は、早速、行動に出た。以前から仕事の上でおつき合いのあるスタンレー電気の北野隆典社長をお訪ねしたのである。スタンレー電気は、自動車のヘッドランプなどを作る高い技術力を持つ会社で、ＬＥＤも自社で特別に製作することができる。

「実は、エッフェル塔を金色に光らせたいのですが、御社で開発と製作をお願いできませんか？」

　スタンレー電気の新本社ビルで、私は特殊な照明器具の開発をお手伝いし、同社のテーマオブジェも制作した。その間、北野社長の光に対する情熱と知見に何度も接して、大きな信頼を寄せていた。スタンレー電気の歴史は古く、北野社長は創業から三代目に当たる。長身でハンサム、韓流スターにも負けないような容姿の方で、当時は六〇代はじめでいらした。

「やりましょう！　金色の投光器は我が社で作ります。」

力強い言葉で宣言されて、私は胸が熱くなった。

さて、一口に金色と言っても、様々な金色がある。私は一九七〇～八〇年代、シンプルな照明器具から複雑なシャンデリア・オブジェまで、様々な照明器具をデザインしてきた。製作は日本だけではなく、ドイツや韓国でも行っていたのだが、金色も様々だと知った。プラチナに近い白金、青みがかった青金、赤みが入った赤金などである。日本の金屏風は赤金の系統である。私はスタンレー電気の担当者に赤金のサンプルを見せた。

数か月経って、スタンレー電気からは、新しい金色ＬＥＤ素子に、光学系のレンズを付けた器具が届けられた。電源を入れて光が照射されたが、室内の白い壁を照らすのでは、実際とはかけ離れたものとなる。

次の段階の屋外実験で、スタンレー電気は大きな金属板を持ってきた。見るとエッフェル塔と同じ茶色系の塗料が塗られている。早速、私の事務所の四階の屋上に新しい金色投光器と茶色の板をセットした。観測者は外に出て道を一〇〇メートルほど行った地点から屋上を見上げた。

「点灯！」

の合図で照射された新しい光は、茶色の鉄板を濃く美しい黄色に染めていた。成功である。

「本当に金色に見えるでしょうか？」

スタンレー電気の担当者の人たちは不安そうだったが、私はこの光はエッフェル塔に当たれば、塔を金色に染めることができると、何故か確信した。

「大丈夫です！　次は、何台必要か検討しましょう。」

エッフェル塔の大展望台の上端から、三〇〇メートルの頂上まで、二〇〇ルクス（照明の明るさの単位）にしようと私は考えた。周辺の明るさからいって、二〇〇ルクスは妥当と思ったのである。

大展望台の下端から両側に拡がる足もとには、容量の大きいプロジェクターを用いる。これにはローマのコロッセオと同様に、パナソニック製の最新の機材が適している。前回と同様に、私はパナソニック社の広報部に行って、イベントの趣旨を説明し、機材の提供を依頼した。パナソニック社の大型プロジェクターは二〇二〇年開催予定の東京オリンピック・パラリンピックでは多用されることがすでに決まっていたので、二〇一八年のジャポニスムは、その先ぶれのようなイベントである。

広報部に加えて、私はパナソニック社の会長の長榮周作氏にも頼みにいった。長榮氏は松下電工の時代に照明を担当しておられて、私はその頃から大きなプロジェクトで顔を合わせていた。長榮会長は、剣道の達人で引き締まった体型で所作もきびきびした方である。

「最新の機材を貸して下さい。併せてオペレーターの費用もお願いします。」

日本の文化と技術を世界に示すのだからと、私は胸を張って依頼をし、長榮氏は快諾して下さった。

さて、次は国宝・尾形光琳の燕子花図屏風の使用許可をお願いすることである。この美しい屏風は、東京の根津美術館が所有している。通常、美術館・博物館が所蔵する美術品の映像使用には、高額な費用が必要となる。これまで私たちの周年イベントでは、東京国立博物館の所蔵品を、無料で使わせていただいていた。日本文化の広報と、国の周年イベントで使うという目的があったためである。

幸い、今回のイベントの実行委員長に就任していただいている佐藤禎一氏（元ユネスコ大使）は、東京国立博物館の名誉館長で著名な方である。根津美術館館長の根津公一氏には、佐藤氏から、燕子花図の提供を依頼していただいた。

心配していたエッフェル塔の使用許可は、パリ市、エッフェル塔の双方から、取得できた。その嬉しい知らせは、「ジャポニスム二〇一八」を主宰する国際交流基金から伝えられた。

二〇一八年、新年が明けて一月の終わりにパリ市に打合せに行ったところ、エッフェル塔のスタッフが同席していて、イベントプログラムの詳細な打合せとなった。

話がプロジェクションに及ぶと、困惑した空気が流れた。なんとプロジェクションは、これまで試みたことはあったが、すべて失敗しているという。映像プロジェクションは、建物の壁面——特に白っぽい壁には、問題なく映写できるが、エッフェル塔のように鉄骨がレース編みのように構成されていて照射面の少ない場合には、プロジェクションの映像がよく見えないという。数か月前に行ったＥＵ環境年の特別ライトアップの時のプロジェクションは、何をやっているのか全くわからず、大失敗だったという。

私はかつて横浜の大観覧車で行われたプロジェクションで、静止画像はわかりにくいが、ゆっくりと画像を動かすことによって、骨組みに当たった画像が見えた経験があるので、エッフェル塔にプロジェクションを当てる場合に、ゆっくりと画像を移動させれば、はっきりと目に見えることを確信していた。ところが、エッフェル塔の人たちに話をしても誰も信じない。

「それでは、現地で事前に実験をして下さい。それを見て良かったら、エッフェル塔にプロジェクションをすることを許可します。」

という結論となった。先方が言うことも、もっともなので、私たちも了解して、来る三月末に事前実験をエッフェル塔で行うこととなった。

早速、実験の見積りを取ってみて驚いた。とても高額なのである。この際、プロジェクターだけではなく、金色投光器やその他の最新機材——私たちがはじめて使う新しいものも、一緒に見ておきたいと考えたため、小さなイベントができるほどの金額となってしまった。これでは、国際交流基金からいただくイベント費だけではとても賄えない。急遽、東京での協賛会社探しと資金集めがはじまった。

前回のローマ・コロッセオのイベントでお世話になった島精機製作所から、再び賛同をいただいたのに加えて、日本航空、全日本空輸（全日空）の二社の協賛が決まり、私は胸をなで下ろした。やはりパリとエッフェル塔の効力は大きい。

準備万端

三月二六日の夜、エッフェル塔ライトアップに向けての実験がはじまった。明るいうちに、機材の設置がはじまる。今回の使用機材は、パナソニック製の大型プロジェクター一台に加えて、スタンレー電気製の金色投光器三〇台、そしてヨーロッパの最新イベント機材二〇台と、制御装置一式という大がかりなものである。もちろん、これらを動かすための電源車も手配された。

エッフェル塔の通常ライトアップは、午前一時に終わる。その後に私たちの実験がはじまるのだから、スタートは、深夜の午前一時半からとなった。三月の夜のパリはまだ真冬のように寒い。折から小雨もぱらつくイヤな天気である。星も月もない暗い夜であった。

エッフェル塔の電気担当主任でプロジェクト・イベント部長のステファン氏とそのスタッフ、パリ市のイベント担当局のスタッフ、国際交流基金の担当スタッフが立ち合っている。

エッフェル塔の背面はシャンドマルスという、広い芝生の広場になっていて、夏場にはそこでよくコンサートなどが開かれるが、深夜には真っ暗な闇が広がっている。そこには、今度新しく使われるヨーロッパの最新照明機材が配置されている。まず、その機材が一斉に点灯した。コントローラーによってあらかじめセットされたプログラムで動く。光芒も良く見えるし、カラーの色調も鮮やかである。問題なし！

次にこの実験のために東京から運ばれてきたスタンレー電気製作の金色投光器にスイッチが入った。美しい金色の光が束になって、エッフェル塔の中ほどを照らし出した。成功！　思っていた通り、茶色の塔が黄金色に染まった。私は笑顔になり、スタンレー電気の担当者の人たちも明るい表情である。

いよいよ本題のプロジェクションである。二台のプロジェクターは、塔の背後の足もとに置かれ、一斉に光が放たれた。金色の背景の中に鮮やかな青と緑の燕子花が大展望台の下の部分に映し出された。私たちが事前に指示した通りに、燕子花の花はゆっくりと右から左へと移動していく。確信していた通り、燕子花の花々は、はっきりと見えていた。これは網膜に留まった残像が作用して、一つの画像として完成して見えるのである。

実験を見守っていた人たちから、ざわめきが起きた。

「ボン！（良いね）」

「エクセラン！（素晴らしい）」

数分後に、エッフェル塔のプロジェクト・イベント部長のステファン氏が大声を出した。彼はブルターニュ（大西洋側の地方）の出身で、かつてフランスが誇る原子力航空母艦シャルル・ド・ゴール号の設備部長の海軍大佐であった。がっしりとした体格のラガーマンで、二〇一九年のラグビーワールドカップ日本大会には観客として来日している。

「ブラボー！」

ステファン氏の声に数人の立合人が続いた。実験は成功だった！

「画像がこれほどはっきり見えるとは思わなかった。これなら、エッフェル塔のプロジェクションは、成功間違いなし。許可します。」

とステファン氏。パリ市の担当者も肯いていた。実験は午前三時に終了した。

五月に入って、東京ではフランスから来たプレスの一行を迎えた。「ジャポニスム二〇一八」開催の広報の一環として、国際交流基金がフランスのＴＶ、新聞、雑誌等、有力なプレスのジャーナリストの方たちを東京に招いたのである。私とリーサ明理は、プレスの人たちを東京の夜景に案内した。

まず、東京タワーのトップデッキで、夕暮れの東京港を見せた後、バス二台に分乗し、築地から歌舞伎座の前を通り、銀座、日本橋、秋葉原、上野と巡った。リーサ明理と私はバスガイドを務め、江戸から明治・大正・昭和、そして今日の東京を説明した。

夕食会は上野にある東京で最も古い料亭の一つ、明治六年創業の韻松亭で行われた。東京下町の濃い目の味付けとたっぷりとした分量の和食を楽しみながら、私たちはテーブルをまわって、プレスの人たちと歓談した。後日、その中の何人もの人たちが、私たちのイベントをフランスで紹介してくれた。

一方、イベントの準備は、東京とパリで順調に進んでいた。演出プログラムは詳細に詰められ、動画の制作はパリが担当した。イベントのフライヤー、ポスター、ホームページは東京の担当である。

光イベントで大きな効果を上げるのは音楽だ。どんな音楽にするかは、娘と私の間で、何度も話し合った。もちろん、日本の音楽を使いたいが、どうしても邦楽は都市の大空間の中では弱々しく聞こえる。通行人を引き寄せるような強いインパクトがほしいのだ。

第一部の音楽は、エッフェル塔建設と同時代のフランスの作曲家ラベルの「ボレロ」を使いたいというのが、リーサ明理の意見であった。その後には雅楽や邦楽のアレンジを入れる――こんな構想で、今回もパリ在住の音楽家、ジャイ・エルネストさんに依頼した。彼は私たちのこれまでの周年事業の音楽を担当していて、今回は「ボレロ」の楽曲に様々な日本の楽器を採り入れるなど工夫を凝らしてくれた。

第二部――金色のエッフェル塔に、光琳の燕子花図が描かれる時の音楽は、旧知の中村雅之さんの御意見を伺った。中村さんは横浜能楽堂館長として、日本の伝統芸能を熟知しておられる。横浜市で開催された光と能や雅楽がコラボしたイベントでは、大変お世話になっていた。

中村さんのアドバイスは、尾形光琳と同時代に活躍した八橋検校《やつはしけんぎょう》の琴の曲「六段」がよいのではないかとのことであった。聞いてみると、たしかに燕子花図にぴったりの美しい調べである。しかし、都市の中の大空間で響かせるには、何とも弱い。そこでジャイ・エルネストさんに頼んで、「六段」を電子音にアレンジして、強い響きにしてもらった。

二〇一八年八月末、いよいよ本番に向けての準備がはじまった。まずエッフェル塔本体への配線工事と器具の設置である。

九月になって、器具を設置するイエナ橋の中頃に左右二基の機材を設置するタワーが建てられた。イエナ橋は、エッフェル塔と向かいのシャイヨー宮を結ぶセーヌ川に架かる橋である。今回のイベントでは、イエナ橋の上流・下流側の歩道にメインの器具が置かれる設計である。

橋上両側に建てられた高さ一〇メートルのタワーには黒い幕が張られ、そこにはイベントの広報を兼ねて大きく「ジャポニスム二〇一八・エッフェル塔日本の光を纏う」と、日仏英の三か国語で表示した。私と娘のポートレイトやエッフェル塔のイメージ画も描かれている。エッフェル塔やシャイヨー宮を訪れる大勢の観光客への広告の役割を兼ねている。

二基のタワーの下にはエッフェル塔に向かって、ひな壇のような構成で投光器を並べた。その下の床面に金色投光器が置かれることになっていた。

いよいよ金色投光器の登場である。三〇〇メートルの高さのエッフェル塔を中段の大展望台の上端から頂上まで、くまなく二〇〇ルクスという高い照度で照らすには、何と一二〇台の投光器が必要という計算結果が出ていた。金色投光器用の組立て架台がつくられ、一台に二〇個の金色投光器が取付けられた。イエナ橋の両側に建てられたタワーの足もとにも各々三台の金色投光器を満載した架台が運び込まれた。

まずイベントの前々日の夜に、通電（電気が器具に供給されること）が開始され、荒調整がスタートした。プロジェクションの画角合わせが入念に行われる。幸い九月のパリは天気が良く、夜はセーヌ川をわたるそよ風も心地よい。

いよいよ前日のリハーサルがはじまった。暗くなるのを待って、機材が集中して置かれているイエナ橋歩道上のタワーの前に集まる。日本のイベント現場では、必ず開始の前にみなが集まって挨拶を交わし、簡単なミーティングを行うが、ヨーロッパではそんな習慣はない。スタッフは時間がくると集まってきて、各々自分の持ち場につく。

設営と運営を担当するマグナム社のスタッフは、遅刻する人もなく、みなきちんと持ち場についている。陣頭指揮をとるのは、社長のジェローム氏である。私たちが予想した通り、イベントが根っから好きなプロフェッショナルで、生き生きとした動きである。

第一部のプログラムを担うリーサ明理は、黒づくめの服装の上に、I.C.O.N.のロゴが入っ

数々の投光器が用意され、エッフェル塔を照らす。リーサ明理と筆者

スタッフと調整を重ね、入念なリハーサルが行われる

た黄色の目立つベストを着込んでいる。交通量の多いイエナ橋での作業のためである。

リハーサルの前半は、プロジェクション、投光照明、金色投光など、各々のパートで光合わせを行う。各チームができ上がったところで、音楽を入れた通しのリハーサルが行われる手順である。

見ると第一部のプログラムはトラブっているようだ。リーサ明理は、マグナム社のオペレーター、フレモン氏の隣にぴったりと張りついて、緊張した面持ちで、エッフェル塔を見上げている。

オペレーターのフレモン氏は、リーサ明理が指名した人で、以前リヨン市のパフォーマンスでも組んで成功した、優秀なオペレーターという。三〇代の頑強な兵士のようなタイプの人で、やはり緊張した面持ちでコンソール（調整卓）に向かっている。

しばらくして、

「お待たせしました。これから通しリハ、はじめまーす。」

とリーサ明理が声を上げた。時間は二四時を過ぎていた。

「スタート。」

の掛け声で、音楽が鳴り響いた。ベルリンと違って、ここでは音量の規制はないが、周辺のアパルトマンの住民に配慮して、音量は控え目にしている。最初の日が昇るシーンの効果音に続いて、ラベルの「ボレロ」が鳴り響く。これはジャイ・エルネストさんのアイディアで、津軽三味線の強い響きの音色でアレンジされている。

第一部の「リベルテ（自由）」が過ぎて、第二部「ボーテ（美）」では、日本の国宝級の美術品が大展望台の下の部分に映し出される。続く第三部「ディヴェルシテ（多様性）」は、プログラムの見せ場である。色とりどりの光がかけ上り、飛び跳ね、交り合いながら、クライマックスを迎える。

一転して静かになり、展望台の下には、イベントのタイトルなどのテロップが流れる。

そして第二部のはじまりである。エッフェル塔が金色の光で照らし出され、展望台の下にはゆっくりと燕子花図が映し出された。画像は右から左へと静かに移動して行く。八橋検校の「六段」の増幅された琴の音が響き渡る。

通しのリハーサルを二回終えてから、その夜の作業は終了した。明日の本番を期して、機材の養生をした後の解散である。

エッフェル塔を見上げる人々

いよいよ本番当日を迎えた。二〇一八年九月一三日。パリは気持ちよい快晴に恵まれた。この日の日没は二〇時。光イベントは日没三〇分後の二〇時半から二五時までの四時間半である。

この日、私とリーサ明理は黒のパンタロンとインナーの上に、絞りの羽織を着用した。私は黄色に花柄、リーサ明理は濃いピンクに流水の柄である。「ジャポニスム」と銘打ったからには、何か日本の物を身に付けたい。

まだ昼の光が残る夕暮れ時に、私とリーサ明理はTV取材の要請を受けて、エッフェル塔を見晴らせるシャイヨー宮の広場に来ていた。夕日を浴びたエッフェル塔とその足もとに拡がるパリの街は美しい。この素晴らしい場所で光イベントができることを、私は心から嬉しく思った。そして、このイベントが成功するよう心の中で祈ったのである。

TVの取材は何社からも入っていた。特にNHKの8Kでの取材には、大がかりな機材といい、準備の入念さといい、驚かされた。TV取材の後、私たちは急ぎシャイヨー宮の中にある劇場に向かった。

この光イベントは、「ジャポニスム二〇一八」のプログラムの中でも、ハイライト・イベントと位置付けられており、折しも皇太子時代最後の外国訪問となる徳仁皇太子殿下が、点灯式に出席されて、点灯ボタンを押されることになったのだ。シャイヨー宮内のシャイヨー劇場には、エッフェル塔が展望できる大きなロビーがあって、点灯式には最適な場所であった。点灯式には、日仏のVIPや関係者の方々が多数集まっていた。その中には、金色投光器を開発製作されたスタンレー電気の北野社長や、何度も私たちのイベントに協賛して下さった島精機製作所の島会長、プロジェクターの提供をお願いしたパナソニック・ヨーロッパのアバディ社長の姿もあった。

二〇時一五分。皇太子殿下が到着された。エッフェル塔が一望できる大きな窓を背にして、中央に皇太子殿下、その右手に私とリーサ明理、左手に司会の人が立った。短いスピーチの後、カウントダウンがはじまった。

「一〇、九、八……三、二、一」

「ライト・オン。」の掛け声で、皇太子殿下が机上のスイッチを押された。

バーン！　という効果音とともに、エッフェル塔が純白の光で染まった。続いて塔の足もとに赤い円弧が現れ、ゆっくりと上に向かって昇っていく。光イベントのはじまりである。

「どうぞ、無事に進行しますように！」

私は両手の親指を掌の中で固く握りしめて、イベントの無事を祈った。

イベントは次々と新しいシーンをエッフェル塔に展開しながら進んでいった。会場の中は、光イベントが見やすいように、室内の照明が暗く抑えられていた。音響も外で聞くのと同じくらいの迫力ある音量で流されている。

「リベルテ（自由）」「ボーテ（美）」「ディヴェルシテ（多様性）」

いよいよクライマックスのシーンである。カラフルな光の玉が上を目指して昇っていく後は、ダイナミックにエッフェル塔が、赤、緑、水色、青と全体が次々に染まっていく。純白の光が駆け上がり、塔の輪郭線を際立たせ、最後に白く強い光芒が、エッフェル塔から空中に向かって放たれた。

次のシーンは、いよいよ金色の光で染まるエッフェル塔に、国宝燕子花図が現れる第二部となる。無音の一拍の後、「六段」が響き、金色の光と鮮やかな燕子花図が現れた。暗いパリの空に、金色に輝くエッフェル塔は、際立って見えた。日仏のこれまでの友好と、これから未来に向けての輝かしい光のメッセージを、エッフェル塔が放っているように感じられた。

一五分間のプログラムを立ったまま見入っておられた皇太子殿下は、会場が明るくなると、私と娘に歩み寄って声をかけられた。

「大変良いものを見せていただきました。有難う」

皇太子殿下はその後、シャイヨー宮で歌舞伎公演を鑑賞された。

リーサ明理はすぐに会場を離れ、イエナ橋のコントロールブースに向かった。私は会場で、北野社長、島会長やアバディ社長など、このイベントに尽力していただいた方々に、挨拶をしてまわり、その後はシャイヨー宮の噴水付近で撮影をしている、竹之内響介さんたちのところに向かった。竹之内さんは映像作家で、撮影から編集まで手がけている。このイベントのために東京から現地に来てもらった。シャイヨー宮の広場や噴水に続く階段は、大勢の観客で埋まっていた。イエナ橋の歩道にも、セーヌ川の川岸にも大勢の人たちが、光イベントに見入っていた。イベントをバックに自撮りする人、家族の写真を撮る人、恋人と寄り添って見る人、肩車した子供と一緒に笑顔の人……。本当に信じられないほど、多様な大勢の人々が、エッフェル塔を見上げていた。

このイベントの模様は、日仏だけではなく、広く世界中のメディアによって報道された。イベントの当日だけではなく、一週間後、一か月後にも、TVで見たという人の声が、私たちにも寄せられた。メキシコの同業の友人や、バリ島にバカンスにきていたフランス人からも、「見たよ！」という知らせや、感動が伝えられた。

二日目も、パリは好天だった。TVやWEB、メールで見た人たちによって、初日よりも大勢の人々がエッフェル塔を見ようとやってきた。

二五時に無事、イベントが終了して、私たちはコントロールブース近くに集合した。マグナム社のジェローム氏は、冷えたシャンパンとグラスを持って現れた。

「ポン！」

勢いよくシャンパンが抜かれ、私たちはグラスを高く掲げて、イベントが成功裡に無事に終わったことを喜び合った。

おわりに

この本は、私が二〇〇八年から二〇一八年の一〇年間に行った、海外での活動をまとめたものである。二〇〇八年の一〇月、私は七〇歳になり、二〇一八年の一〇月には、八〇歳となった。自分の七〇歳から八〇歳の一〇年間を振り返って、いまさらながら何と慌しくたくさんのことをやってきたのかと、驚かされる。

一方、私の本拠となっている東京の事務所では、その間に皇居外苑の景観照明、隅田川一〇橋のライトアップ、日本武道館の外観照明や、よみうりランドの「ジュエルミネーション」、上野公園の「創エネ・あかりパーク」や長野善光寺の「長野灯明まつり 五色のライトアップ」といった恒例のイベントが、目白押しに詰まっていた。

六〇歳台で定年を迎えてその後はゆっくりと余生を過ごすという人も多い中で、私には全くその気持ちはなく、六〇歳になった時は、やっと創りたいものが見えてきたという気持ちが強かった。七〇歳台はその延長で、創りたいもの、やりたいことが目の前に山積しているように感じられ、自分の実際の年齢など、気にかけたこともなく疾走してきたように思える。

八〇歳を過ぎて、コロナ禍という新しい時代に入った。ちょうどその時、私のこれまでの仕事の集大成と言える大作品集『石井幹子　光の軌跡』が刊行された。その中でこの一〇年の海外イベントが、たった数頁の写真と短い文章でしか紹介されないことに気がついた。コロナの蔓延で、在宅勤務を余儀なくされた貴重な時間に、この一〇年の海外イベントの背景やバックステージ等の詳細を書き残したいという気持ちが強くなった。

いま、読み返してみると、これまで様々な活動ができたのは、多くの方々のお力添えや御厚意のおかげだと、感謝の気持ちが、ふつふつと湧いてきた。

また、海外プロジェクトを遂行する期間、日本のたくさんのプロジェクトを進行させ、完成させることができたことには、関係するすべての方々へ御礼を申し上げたい。

コロナ禍を経て、社会の風潮や価値観には大きな変化があった。しかし、光の持つ力は不変だと、私は信じている。光の美しさ、豊かさ、楽しさを、もっと大勢の人々に知ってもらいたい。光を浴びること、見ること、触れることで、人々にもっと幸せで美しい時間を提供することができないだろうか。

まだ私が知らない未知なる光の分野があるのではなかろうか。そんな地平をこれからも探し続けていきたいと、私は願っている。

この拙著を刊行するに当たっては、NHK出版の小林玉樹氏、小湊雅彦氏の御尽力に、お礼を申し述べたい。

最後に、読者の方々へ。光に関心をお寄せいただき有難うございました。

二〇二三年一月

石井　幹子

石井幹子（いしい・もとこ）
MOTOKO ISHII　LIGHTING DESIGNER

照明デザイナー。東京都出身、東京藝術大学美術学部卒業。フィンランド、ドイツの照明設計事務所に勤務した後、石井幹子デザイン事務所を設立し、都市照明からライトオブジェ、光のパフォーマンスまで幅広い光の領域を開拓。日本のみならず世界各地で活躍している。2000年、紫綬褒章を受章。2019年秋、文化功労者顕彰、2020年秋、東京都名誉都民顕彰。主な照明作品に、東京タワー、レインボーブリッジ、横浜ベイブリッジ、明石海峡大橋、函館市、倉敷市などの景観照明、姫路城、白川郷合掌集落、皇居外苑、隅田川橋梁群のライトアップなど多数。主な著書に『光が照らす未来 照明デザインの仕事』（岩波ジュニア新書）、『美しい「あかり」を求めて 新・陰影礼讃』（祥伝社黄金文庫）、『LOVE THE LIGHT, LOVE THE LIFE　時空を超える光を創る』（東京新聞出版局）などが、作品集に『石井幹子 光時空』、『MOTOKO ∞ LIGHTOPIA 石井幹子 光の軌跡』（共に求龍堂）がある。

光のメッセージ　日本から世界へ 照明デザイナーの冒険

2023年3月10日　第1刷発行

著　者　石井幹子　©Ishii Motoko
発売元　NHK出版
〒150-0042 東京都渋谷区宇田川町10-3
電話　0570-009-321（問い合わせ）
　　　0570-000-321（注文）
ホームページ　https://www.nhk-book.co.jp

印刷・製本　大日本印刷

Printed in Japan　ISBN 978-4-14-081934-0 C0095